首阳教育书系

本书为国家社会科学基金教育学青年项目（CBA150155）
电子媒体使用对儿童执行功能的影响及脑机制研究的总结性成果

电子媒体使用与儿童执行功能的发展

杨晓辉 ◎ 著

陕西师范大学出版总社　西安

图书代号　ZZ24N1177

图书在版编目（CIP）数据

电子媒体使用与儿童执行功能的发展 / 杨晓辉著.
西安：陕西师范大学出版总社有限公司，2024.8.
ISBN 978-7-5695-4576-0

Ⅰ. G206.2；B844.1

中国国家版本馆CIP数据核字第 2024G7X891 号

电子媒体使用与儿童执行功能的发展
DIANZI MEITI SHIYONG YU ERTONG ZHIXING GONGNENG DE FAZHAN

杨晓辉　著

选题策划	曾学民
责任编辑	王红凯
责任校对	曾学民
封面设计	鼎新设计
出版发行	陕西师范大学出版总社 （西安市长安南路199号　邮编 710062）
网　　址	http://www.snupg.com
经　　销	新华书店
印　　刷	西安报业传媒集团
开　　本	787 mm×1092 mm　1/16
印　　张	10.5
字　　数	210千
版　　次	2024年8月第1版
印　　次	2024年8月第1次印刷
书　　号	ISBN 978-7-5695-4576-0
定　　价	52.00元

读者购书、书店添货或发现印刷装订问题，请与本社高等教育出版中心联系。
电　话：（029）85307864　85303622（传真）

前言

工具的使用对于人类的进化具有重要的作用。电子媒体包括互联网的普及深深地影响和变革了人类的生活、工作、学习以及娱乐休闲的方式，科技革新改变了媒体以及媒体在儿童生活中的角色，越来越多的儿童开始在越来越小的年龄接触和使用新兴的电子媒体产品，比如智能手机、平板电脑等。在1970年代，儿童可能在4岁才开始看电视，而在当今社会，4个月的婴儿可能就开始了和电子媒体的互动。更重要的是，儿童不再仅仅是媒体信息被动的接受者，而变成了媒体内容的参与者和建构者。但是，相较于电子产品在儿童中普及流行的速度，研究者对于电子产品对儿童发展影响的研究则远远不够。

执行功能是指在完成复杂的认知任务时，对其他认知加工过程进行控制和调节的高级认知过程。执行功能在幼儿期迅速发展并在儿童期和青春期持续发展，它的发展对儿童的认知能力、学业成就和情绪社会性的发展具有重要的意义。电子媒体作为儿童发展环境的重要组成，对儿童执行功能的发展可能具有重要的影响。本书从发展的视角，总结了国内外关于媒体使用与儿童发展影响领域的最新理论和研究，分别从执行功能的概述、电子媒体使用对儿童发展影响的理论模型、电视和电子游戏对儿童执行功能的影响、父母媒体使用行为的作用等角度，综合阐释电子媒体使用与儿童执行功能发展之间的关系。

本书第一章对执行功能及其发展作了概述，包括执行功能的含义、结构以及测量，执行功能的发展以及影响因素等。第二章从媒体特征视角、个体特征视角以及交互作用视角三个方面总结了媒体使用领域关于媒体使用与儿童发展关系的理论解释。第三章基于实证研究的方法，综合运用横断面研究和纵向研究的手段，考察电视以及电子游戏的使用对幼儿和小学儿童执行功能发展的影响。第四章和第五章总结了儿童媒体使用的环境及方式对其发展的影响及机制。家长的媒体使用行为会对儿童的执行功能发展产生影响，儿童青少年自身的媒体使用方式，比如媒体多任务操作，也会对其认知和社会性的发展产生重要的影响。第六章综合从儿童的年龄、媒体的内容及使用时间、家庭的媒体使用环境等角度为家长以及学校提供媒体使用方面的建议。电子媒体对个体发展产生的效果依赖于多种因素的作用，包括媒体的类型、内容、使用时间和方式以及儿童本身的特征。因此，家长需要依据儿童自身的特点，比如年龄、身体健康状况、儿童的气质特点以及发展阶段等为儿童制定专属的媒体使用计划。

本书是国家社科基金 2015 年度青年项目"电子媒体使用对儿童执行功能的影响及脑机制研究"（批准号：CBA150155）的总结性成果，也是团队合作研究的结果。本研究的顺利开展，离不开参与研究的幼儿园和小学的儿童、家长及相关教师的大力支持。本书的内容参阅了大量国内外研究文献，在此对相关领域的研究者深表感谢。该书的出版还得到了陕西师范大学出版总社的大力支持，一并表示感谢！

最后，受作者能力所限，本著作难免有疏漏和不足之处，敬请各位读者不吝批评指正。

杨晓辉

2024 年 7 月

目录

第一章 执行功能及其发展 / 001

第一节 执行功能的含义及测量 / 001

第二节 执行功能的发展及影响因素 / 008

第二章 电子媒体使用对儿童发展影响的理论模型 / 018

第一节 媒体特征视角 / 018

第二节 个体特征视角 / 020

第三节 交互作用视角 / 023

第三章 儿童电子媒体使用与其执行功能的关系 / 029

第一节 电视观看与幼儿执行功能：家长调节行为的作用 / 029

第二节 电子游戏与幼儿执行功能的关系 / 043

第三节 电视观看及电子游戏与小学儿童执行功能：家长教养方式的调节作用 / 051

第四节 电子媒体使用与小学儿童执行功能的关系：交叉滞后面板分析的证据 / 063

第四章 父母媒体使用行为与儿童的执行功能 / 082

第一节 父母问题性手机使用和儿童执行功能：科技干扰的中介作用和儿童年龄的调节作用 / 082

第二节 父母科技干扰与教养行为交互预测儿童注意控制 / 094

第五章 媒体多任务 / 108

第一节 媒体多任务概述 / 108

第二节 冲动性与网络成瘾的关系：手机多任务与迷走神经活动的作用 / 115

第六章 儿童电子媒体使用的建议 / 125

参考文献 / 134

第一章
执行功能及其发展

第一节 执行功能的含义及测量

一、执行功能的含义

执行功能（Executive functions，EFs）是一系列高级认知功能的总称，涉及对思想和动作进行意识控制的心理过程，包括计划、工作记忆、注意、抑制控制、自我监控及自我调节等。执行功能调节个体的目标导向行为，是一个高级的控制过程。执行功能使个体能够综合经验和知识、当下情境信息、未来目标预期，并结合个体自身的价值取向对个体认知、情感和思维过程及动作进行控制和协调，从而做出适应性的行为。执行功能使个体具有准备性、能动性、灵活性和坚持性。

二、执行功能的结构

关于执行功能的结构有两种理论取向：执行功能的统一性（unitary）和可分离性（dissociable）。

众多研究者使用因素分析来勾画执行功能的成分，结果发现不同的执行功能测量任务会聚合成不同的功能领域。也有研究者根据前额叶的功能结构来划分执行功能的成分，对额叶功能受损病人的研究结果表明不同的执行功能任务与不同的前额叶脑区相联系。Diamond 认为执行功能包含三个核心的成分：工作记忆、抑制控制和认知灵活性，三种能力具有不同的发展轨迹。工作记忆和抑制控制作为执行功能表现较早的能力，共同构成了认知灵活性的基础，三个主要成分则共同为更高级、更复杂的执行功能服务（如图1-1-1所示）。Diamond关于执行功能结果的理论模型，提供了一个很好理解执行功能发展的框架，同时建立了一个发展先后顺序的等级，以及执行功能各成分之间的关系及其相近概念的区别和联系。

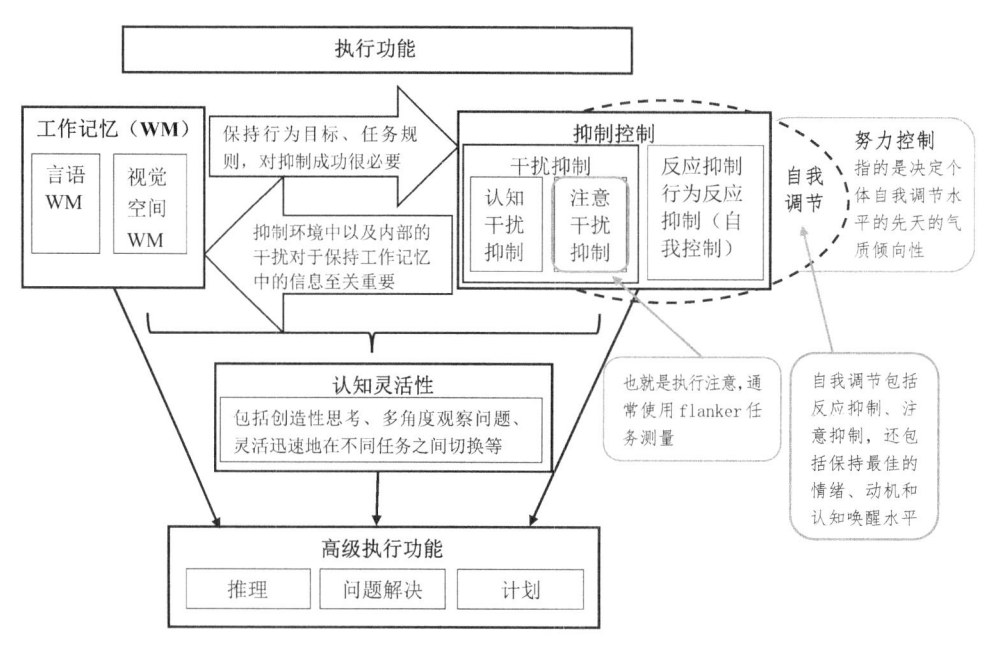

图1-1-1 执行功能的结构及与其他概念的关系[1]

抑制控制是指个体在注意、行为、思维或者情感上克服内在的优势反应倾向或者外界的诱惑，从而做出适应性的或者需要的行为。缺乏抑制控制的个体受到冲动性、固有思维定式或行为习惯的支配，或者将会屈从于外界环境的变化而无法做出适应性的行为。因此，抑制控制能力使人类成为一种能够选择或者改变自己以适应外界刺激的生物而非受习惯支配没有思考能力的生物。根据抑制控制的对象可将其分为反应抑制（自我控制，self-control）与干扰抑制两种。反应抑制指对外显行为的有意控制，如延迟满足、运动抑制等。干扰抑制指对认知活动的内容或加工过程的控制，包括选择性注意和认知抑制（cognitive inhibition）。注意的抑制控制是干扰控制在感觉水平的体现，选择性注意使个体能够集中注意力在焦点上而抑制无关信息刺激的作用。认知抑制是对于优势心理表征的抑制，包括对无关的或者多余的想法和记

---

[1] DIAMOND A. Executive functions[J]. Annual review of psychology, 2012, 64（1）: 135-168.

忆的抵制，包括有意遗忘，抑制先前接触的信息中的前摄干扰，以及后接触的信息对当前信息的后摄干扰。自我控制涉及对自身行为以及为了控制行为而对情绪的抑制控制。自我控制对于个体完成那些耗时较长的工作非常重要。一方面，自我控制使个体能够抵制诱惑，而不做出冲动性行为。另一方面，自我控制还体现在当有分心物的情况下仍能坚持当前任务，不因为诱惑就放弃任务或者转移到更有趣的其他任务中，即个体能够为了未来更大的收益而放弃即时的快乐或收益，也就是延迟满足（delaying gratification）。

工作记忆（working memory，WM）指的是将信息保存在记忆中并对其进行操作，也就是在头脑中对于那些已经消失的信息进行操作。根据操作信息的不同可以将工作记忆区分为言语工作记忆和非言语工作记忆（视觉空间工作记忆）。工作记忆与短时记忆是有区别的，后者仅仅是将信息存储在记忆中，而不进行操作。它们具有不同的认知神经基础，工作记忆通常涉及背外侧前额叶皮层的活动，而对信息的保持则只涉及腹外侧前额叶皮层的活动。在需要执行功能的任务中，工作记忆和抑制控制通常需要紧密配合。个体只有将目标保持在头脑中，知道应该做什么，不应该做什么，才能使与目标有关的信息更好地指导行为，并且更加有效地抑制无关信息的干扰。另一方面，抑制控制能支持工作记忆更好地执行。抑制无关的信息能够帮助个体更好地将注意力集中在需要的目标上；只有抵制惯性思维和固有习惯的影响，个体才能够将不同的观点或者信息创造性地进行整合。

认知灵活性是在工作记忆和抑制控制能力基础之上发展出来的执行功能的第三个成分，因此认知灵活性萌芽的较晚。认知灵活性与创造力、任务转换能力、定势转换有很大的重合。认知灵活性包括从不同的视角（如个体在不同位置或者站在他人角度）看问题，以及打破常规的限制，改变我们思考问题的方式。认知灵活性还体现在能够根据需求的变化灵活地进行自我调整，能够及时承认错误，能够利用转瞬即逝的、不期而遇的机会。执行功能的抑制控制、工作记忆和认知灵活性进一步保证了高级的、复杂的执行功能过程，如推理、计划和问题解决等的发展。而这些高级的执行功能成分又是个体流体智力的重要组成部分，因此很多测量研究表明个体的流体智力水平与其执行功能表现出一定的正相关。

Diamond 还对与执行功能相关的一些其他概念进行了比较和区分。自我调节指的是个体使自己保持在合适的情绪、动机和认知的唤醒水平，主要是指个体控制和调节自己的情绪，在实质上与抑制控制有一些重合。有关执行功能的研究多关注思维、注意和行为方面，涉及的主要是前额叶的侧面部位包括背侧和腹外侧；自我调节的研究者更关注情绪，因此关注前额叶皮层的中间部位尤其是眶额叶皮层和副交感神经系统。情绪调节的测量主要是通过成人评价儿童在真实世界中（家庭或者学校）的行为，观察儿童延迟满足或者在挫折情境中的情绪调节能力，也就是执行功能"热"的方面。执行功能的测量主要是在实验室中直接测量儿童的行为表现，通常是在一种情绪中性的环境中。努力控制指的是决定个体自我调节水平的先天的气质倾向性。执行注意就是注意的自上而下的加工方式，通常使用测量选择性注意的范式，比如 Flanker 任务来测量。

另一种观点认为执行功能是一元结构并具有一些组成成分，如 Baddeley 的工作记忆理论以及 Shallice 的注意监控系统理论。执行功能一元结构的理论认为执行功能发展存在一个共同的基础或者机制——中央注意系统或抑制控制能力。Baddeley 以及 Norman 和 Shallice 的理论中认为执行功能发展的基础是中央注意系统，中央注意系统控制所有的次级加工过程。Posner 和 Rothbart 也认为中央注意系统是 2—6 岁儿童执行功能控制能力发展的重要基础。他们认为儿童期行为、思维和情感的发展根源于三个注意系统的发展和整合，它们是：觉醒（alerting）、朝向（orienting）和执行控制（executive control）。觉醒系统是个体处于并保持觉醒状态，与丘脑和去甲肾上腺素相关的神经皮层等活动有关。朝向网络根据接收到的刺激特点改变个体的注意焦点，主要与顶叶皮层以及类胆碱功能的神经递质活动有关。执行控制网络主要涉及冲突监控、错误识别与更正等，涉及的脑区主要包括前部扣带回（anterior cingulate cortex，ACC）和背外侧前额叶皮层（dorsolateral prefrontal cortex，DLPFC），并且依赖于多巴胺神经递质的活动。另一种观点认为主要是抑制控制能力的发展决定了执行功能的发展，因为执行功能障碍通常表现为持续性错误（perseverative errors），即持续重复不符合当前规则的强势反应，因而执行功能障碍被解释为个体因为抑制机制不成熟而不能抑制与目标冲突的强势反应倾向。但是，这种解释只是一种直接的、经验性的主张，具有明显的局限性。抑制理论不能涵盖执行功能包含的所有现象，比如任务中的计划监控、动作监控、事件来源监控（source monitoring）。执行功能一元结构得到了众多实证研究的支持。首先，执行功能的测量任务之间的相关，证明不同成分之间存在一个共同的过程。进一步的证据表明，不同执行功能任务都与中央注意系统高度相关，并且在3—6岁儿童执行功能任务表现的发展中似乎存在一个基本的发展基础。

三、执行功能的测量

McCloskey等人根据是否直接测量受测对象的执行功能表现，以及是否按照标准的测量程序，依照常模解释测量结果，将执行功能测量的方法和取向分成四个类别：间接非正式的测量、间接正式的测量、直接非正式的测量、直接正式的测量（见表1-1-1）。

表 1-1-1　执行功能测量的取向和方法[1]

测量取向	测量方法	
	非正式的	正式的
间接地	访谈法：对儿童的父母或教师进行访谈，档案回顾 对教师、家长和儿童自我报告进行过程取向的解释	家长行为评定 教师行为评定 儿童自我报告
直接地	访谈法：访谈儿童 观察法：系统或者非系统的对儿童行为进行观察 采取过程取向解释标准测验的过程	使用标准化测验或测试对受测对象进行施测

（一）间接非正式的测量

间接的测量方法通常有两种，一种是研究者或者临床医生通过对儿童主要照料者和熟悉者进行访谈，比如儿童父母、教师或朋友等进行访谈。另一种方法是研究者对儿童在不同场合（比如学校或家庭）执行功能表现的缺陷或者问题进行记录、分析、描述，并以此进行总结推论。间接非正式的测量可以搜集大量关于个体执行功能方面

---

[1] MCCLOSKEY G, PERKINS L A, DIVINER B V. Assessment and intervention for executive function difficulties[M]. New York: Routledge, 2009: 102.

的信息，研究者具有较高的自由度，但是这种方式对研究者在执行功能领域知识的深度和广度有较高的要求。经验丰富的研究者可以多使用开放式的问题对家长或者教师进行访谈，但是经验比较缺乏的研究者尽量使用结构化的访谈，比较有利于获取有用的信息。

研究者在使用这种研究方式的时候需要注意以下两点。首先，尽管父母或者教师都是熟悉儿童的人，可以认为他们能够提供关于儿童可靠的信息，但是从单一信息源获取的信息往往会出现偏差，因此，建议研究者从多个信息源获取信息，以做出比较客观的判断。第二，在研究方法上，也建议研究者使用多种测量方式，互相辅助，互相印证，做出更加准确的判断。

（二）间接正式的测量

间接正式的测量是指研究者没有直接与受测者进行交互，而是通过标准化的量表对受测者或者受测者的父母和教师进行测量（通常涉及年幼儿童执行功能的测量）。父母、教师或者受试者通过回忆报告在过去一段时间内个体执行功能的表现情况。通过将量表的得分与标准化的常模进行比对，从而做出相应的判断。

（三）直接正式的测量

直接正式的测量是通过一些标准化的测量任务对儿童直接进行测量，将儿童的成绩与标准化的常模相比对，从而做出判断。常见的标准化的成套测验有 Delis-Kaplan 执行功能系统（Delis-Kaplan Executive Function System，D-KEFS）、剑桥神经心理自动化成套测试（The Cambridge Neuro-psychological Test Automated Battery，CANTAB）、认知评估系统（Cognitive Assessment System）等。

（四）直接非正式的测量

直接非正式的测量是对于个体的交互过程进行评估，或者直接评估个体的作业成果、产品等，评估个体在不同场合下行为或结果中使用执行功能的情况。这种方法主要是对个体在不同场合的行为进行结构化或者非结构化的观察，对个体临床访谈结果的评估、对个体在完成执行功能正式测量任务的行为进行观察和记录，分析个体在学校、家庭或其他场合工作或者玩耍过程中制作出来的成果、产品等。因为这些测量方式不涉及将个体的行为量化为数据，也没有将个体的行为与常模数据进行对比，因此将它们归类为非正式的测量。

观察法可以作为执行功能测量的一个重要手段，可以获得儿童执行功能发展和问题的重要信息。但是对儿童执行功能的观察存在较大的困难，在很多情况下，执行功能的过程比较隐蔽，观察者无法直接获得学生是否使用了某种执行功能。另外儿童执行功能的表现依据场合的不同可能有很大的差异，比如在课堂听课与课外活动、与同学交往等。观察者对执行功能的认识程度很大程度上决定了他对于被观察者执行功能行为的观察和评估。对于测验过程进行过程性的评估（process-oriented assessment）对于更好地解释测验的结果具有重要的作用。被试如何完成测验有的时候比被试在测验中的成绩更能说明问题更为重要。过程性的评估通常涉及被试在执行任务过程中使用的策略，所犯的错误类型、种类等。

（五）多方法多维度取向（multimethod multidimension approach）

鉴于执行功能内涵复杂，难以准确测量的特性，建议研究者使用多方法多维度取向对其进行测量和评估。多方法取向意味着：（1）通过多种信息来源收集信息，比如使用儿童自我报告结合教师评价和家长评价；（2）使用多种评估方法，包括标准化带有常模的量表、访谈、观察以及正式的测验程序等；（3）评估多个发展领域（如，执行功能、智力、记忆、学业成就等）。多维度意味着测量的内容应涵盖执行功能的方方面面，否则测量的结果便不足以充分代表儿童执行功能的情况。

每一种测量方式都各具特点，研究者应根据研究的目的和需要，选择最合适的方法和工具。研究者设计了众多信度良好的实验室任务来测量执行功能，尽管这些任务的测量能够较好地控制外部变量的影响，也能够有针对性地测量执行功能的不同成分，但是它们的生态效度往往较差，不能很好地预测日常生活中个体执行功能。很多研究表明实验室测量的执行功能水平与日常生活中使用量表测量的执行功能之间的相关很低，甚至在控制了个体智力水平之后，相关几乎不显著了。出现这种情况的原因一方面在于，儿童可能具备这种解决问题的能力，但是她/他没有表现出来。另一方面，这反映了不同测量取向考察的是不同水平的执行功能。量表反映更多的是个体执行功能在日常生活中的行为整体情况，它很少提供执行功能作用过程性的信息，而执行功能的测量任务需要个体在特定情境中使用某种执行能力来完成特定任务。

量表测量与执行功能任务或者测验各具优势。执行功能是一个内涵丰富的概念，量表可以更好地涵盖较多的内容，而执行功能的任务通常只能涉及单个维度。另外，执行功能任务通常需要个体的一般认知能力或智力的参与，而量表测量则不涉及这方面的问题。量表通常选择那些在日常生活中能够体现个体执行功能表现的问题作为题目，因此具有较好的生态效度和预测能力。但是量表测量也具有一定局限性。首先，量表的评定依赖于自评者或者他评者对于测量行为的感知和记忆，具有一定的偏差性。其次，评定的外部环境信息等可能会影响个体评定的质量，如果受测者在一个环境复杂需要处理多种工作任务的环境中进行量表问题的评定，肯定与在简单、规律环境情况下得出的结果存在差异。最后，评定者的个人喜好、人格特点等都会影响其评定结果，比如一位老师在对学生的执行功能进行评定的时候，很有可能会受到个人对学生喜好的影响。

第二节 执行功能的发展及影响因素

一、执行功能的发展

（一）执行功能的生理基础

起初，"执行功能"这一概念出自前额叶皮层损伤的研究，前额叶皮层的损伤会引起一系列神经心理的缺陷，如：计划、概念形成、抽象思维、决策、认知灵活性、利用反馈、按时间先后对事件排序、对动作的监控等方面存在困难，这些困难对应的一系列能力就是"执行功能"这一术语最初的含义。因为这些能力几乎都与前额叶皮层关联，前额叶皮层（prefrontal cortex，PFC）也就往往被看作是执行功能的神经生理基础。因此执行功能也经常与额叶功能互换，研究者认为执行功能是一个定位在前额叶的统一的"中央执行"或者"监控系统"。但是随着对人类高级思维所涉及的脑区研究的深入，研究者开始质疑"额叶隐喻"。开始有研究发现那些执行功能缺陷的个体并没有前额叶的损伤，进一步的脑功能成像研究表明个体处理新异环境的脑活动涉及非常广泛的脑区系统。现在，"额叶隐喻"逐渐被执行功能主要是由前额叶皮层占主导位置,并同时强调其他脑区协同作用的系统活动这一观点所取代。前额叶皮层的重要性毋庸置疑。前额叶皮层与众多脑区相连接,包括下丘脑、海马、边缘系统、丘脑前侧和背侧以及与顶叶、颞叶和枕叶的连接通路等。这些神经系统的通路和反射回路的发展如果被干扰、破坏或者中断,极有可能会导致各种执行功能产生缺陷。

(二)执行功能的发展轨迹

个体大脑的发展通常会经历一个钟形曲线(如图1-2-1),从婴儿期到成年期个体的发展会经历一些加速期然后进入平缓的稳定期。比如布鲁德曼10区在5—11岁期间经历了最快速度的发展。个体进入青少年期以后,神经结构还在持续地变化,最显著的是青春期的萌发。另外青少年大脑感觉运动区灰质密度会继续降低直至成年期,从青春后期开始,高级认知功能脑区如背外侧前额叶皮层(DLPFC)的灰质密度也会持续降低。前额叶皮层的厚度与个体的言语和空间信息的保持和回忆相关联。结构性功能磁共振的研究结果表明,大脑额叶的灰质体积下降和髓鞘形成的增加直到30岁都在持续发生,白质体积直到60岁甚至以后都还在持续增加。

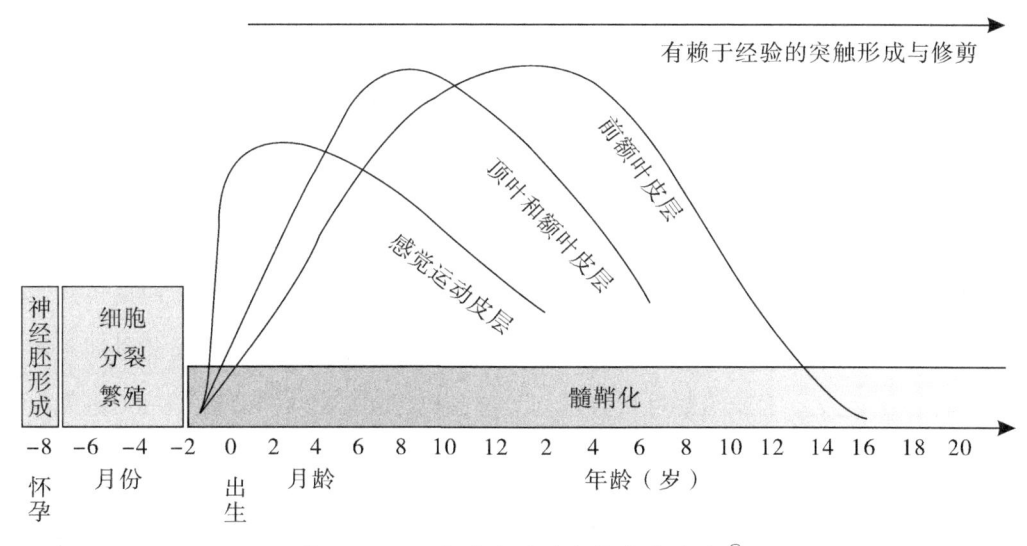

图1-2-1 大脑皮层随年龄发育速度[①]

由于前额叶对于执行功能具有重要意义,研究者越来越多地开始关注前额叶皮层的成熟轨迹与执行功能发展之间的同步关系。无论是从进化还是个体发展的角度,前

---

① TSUJIMOTO S. The prefrontal cortex: Functional neural development during early childhood[J]. The neuroscientist, 2008, 14(4): 345-358.

额叶都是个体最晚成熟的脑区部位，是人类区别于其他物种的重要脑结构。前额叶皮层在母体子宫内就开始发育，直至成年期才发育成熟。同时前额叶也是人类最先开始退化的脑区。尽管人类的大脑在动物中不是最大的，但是众多的皮层神经元使人类大脑拥有无与伦比的信息加工能力。更重要的是，前额叶皮层比其他脑区拥有更多的神经元突触，因此多种复杂信息的综合、计划和执行变得可能。前额叶的发展涉及大脑皮层白质和灰质的增加、神经元突出的修剪以及轴突的髓鞘化等过程，这些过程保证了高级执行功能的出现。前额叶皮层成熟缓慢，导致执行功能在成年期才发展完全。个体一般由最简单基础的能力逐渐发展出更复杂高级的执行能力。注意控制和工作记忆作为最基础的执行能力，一般在个体发展的早期就会表现出来，并为后期复杂的执行能力的发展奠定基础。

执行功能从出生到成年初期的发展大体上也会经历一个类似的钟形曲线。Hunter，Edidin 和 Hinkle 提出一个执行功能发展阶段的完整框架，并指出每一个时期可能影响执行功能发展的潜在因素。由于执行功能不同成分可能涉及的脑区不同，因此不同执行功能成分发展的轨迹也存在一定的差异。不同阶段儿童执行功能的发展正是体现了不同时期的环境因素与儿童自身素质交互作用的结果。

在婴幼儿时期和学龄前阶段，儿童与照料者及环境的交互过程和作用对执行功能的发展产生重要的影响。Kovács 和 Mehler 发现，生活在父母讲双语环境中的婴儿，他们 7 个月时候的抑制能力和认知灵活性比同龄的婴儿更好。随着儿童语言能力和社会行为的发展，儿童与环境的交互越来越复杂。注意、冲动控制、自我调节和工作记忆能力是儿童在这个时期发展的主要执行功能能力。问题解决能力在这个时期也开始发展，这个时期家长和教育者也主要关注塑造儿童符合规范的行为等。童年早期儿童抑制控制、工作记忆、言语流畅性以及计划等这些执行功能的发展使他们成为更为积极主动的学习者，他们可以不断完成更加复杂的任务。这些都为将来进入学校，面临更多外界需求和压力不断做准备。

当进入学校之后，儿童的加工速度、流畅线性、认知灵活性、计划能力等将得到进一步深化发展，更好地为他们的学业成就服务。研究表明，抑制控制能力在 10—12 岁期间得到了充分的发展。当儿童进入青春期以后，有些执行脑功能能力发展进入和缓期，有些能力则继续发展。Anderson 等人对 11—17 岁澳大利亚儿童执行功能不同成分发展情况的研究表明，不是所有的成分都得到了发展，只有选择性注意、工作记忆和问题解决能力才能在这一时期持续发展。

通常情况下，研究者认为个体的执行功能直到成年初期才达到最高水平。因为有研究表明直到生命的第三个十年期间，大脑白质髓鞘的形成还在进行。因此，直到成年初期，个体才能够真正高效率地、有效地解决问题。也正是在成年初期，社会环境要求个体能够根据环境的要求独立地、有效地做出正确的决定，并能根据环境的变化不断监控和调整自己的行为，成为独立的成人。

三、执行功能发展的影响因素

儿童发展的生态模型强调执行功能的发展源于生物水平和环境因素复杂的交互作用。简单强调执行功能发展的生物因素作用（biological maturation theory）和社会化过程作用（sociocultural theory）单方面影响的理论都失之偏颇。因为大脑皮层的发展并非基因图谱的简单表达，相反，它涉及了经验和基因因素的复杂的交互作用。孕期和出生后的环境因素，包括感觉刺激、激素水平和亲子关系、压力等都会影响大脑的发育，并且最终影响个体的行为和情绪表现。因此，执行功能的发展源于环境因素（父母、学校和同伴等）和儿童因素（基因因素、神经成熟以及气质等）之间复杂的交互作用。

（一）文化与执行功能的发展

社会文化理论认为儿童的执行功能在社会交互中得以发展，在社会交互的过程中，儿童通过语言和符号等文化工具的使用使基本的记忆和注意能力得以加强和发展，他们对于具体刺激的思考和推理会越来越少地依赖于这些刺激的呈现，同时符号系统（语言表征或者语言策略，以及刺激表征形式）能够影响儿童的自我控制水平。另外，一些有能力的他人（对于年幼儿童来说，通常是父母）提供一些支架，或者合适的支持性行为使儿童能够达到他们执行功能发展的最近发展区。

文化作为一个行为规范和准则的整体，会对个体的发展产生潜移默化的重要影响。研究表明东方文化背景下（中国、韩国等）的儿童的执行功能要显著优于同年龄的西方儿童的表现（图1-2-2）。Oh和Lewis发现在韩国，儿童在幼儿园中的行为与西方国家存在很大的不同，3岁的儿童每天都需要参加一个小时以上的班级活动，教师会经常给他们提供正式的指导。教师经常使用能够吸引儿童注意力的方式保持儿童的注意或者兴趣集中在当前的任务中，鼓励儿童发展相应的执行功能技能，所以儿童能够保持注意并安静地坐在位置上。同样的课堂模式也出现在中国，中国的家长和教师会强调作为儿童应该尊老爱幼并且会强调日常行为的准则。Talwar，Carlson 和 Lee 研究了西非国家存在体罚的幼儿园对儿童执行功能发展的影响，研究结果表现出了学校类型和年龄的显著交互作用，有体罚的幼儿园儿童表现得比没有体罚的幼儿园儿童要好，但是这种模式在小学一年级的时候出现了反转，那些有体罚的小学的小学生表现要比没有体罚的小学的小学生要显著的差。研究的结果表明严厉的惩罚环境对于儿童控制能力的发展可能存在短时的有利作用，但是长期来看会对儿童的发展造成不良的影响。

西方儿童的执行功能和错误信念任务在控制了年龄、性别和语言等背景性因素之后存在显著相关，但是在东方文化下（中国、日本和韩国等）执行功能和错误信念任务的关系在控制了背景性因素之后都不显著了。因此文化对于儿童的发展产生了不同的影响。儿童在执行功能任务中的表现会受到他人表现的影响，使用社会版维度变化卡片分类任务（Social DCCS）的研究发现，儿童在后续任务中的表现受到先前他人展示的影响。并且对于东方文化中强调与他人关系的文化特点来说，社会版维度变化卡片分类任务相较于标准版维度变化卡片分类任务对于日本儿童更难，而对于加拿大儿童而言，两个版本任务则没有表现出显著差异。

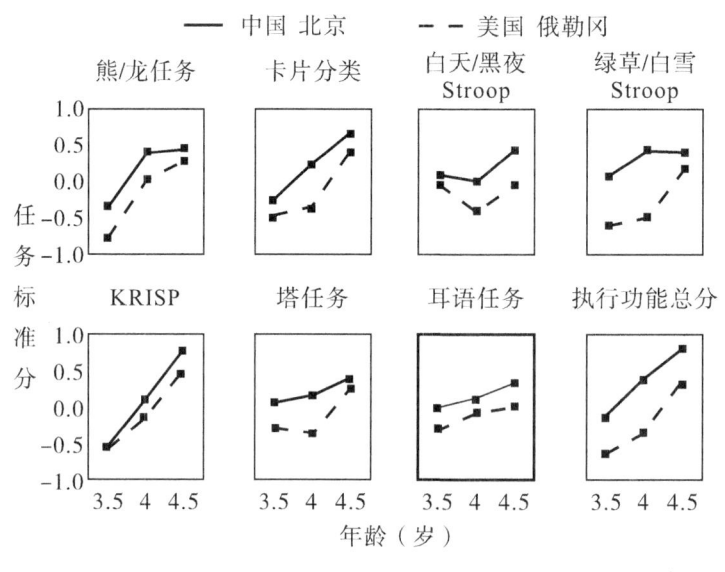

图 1-2-2　中、美幼儿在执行功能不同任务上的对比[①]

[①] SABBAGH M A, XU F, CARLSON S M, et al. The development of executive functioning and theory of mind: A comparison of Chinese and US preschoolers[J]. Psychological science, 2006, 17（1）: 74-81.

（二）教养方式对执行功能发展的影响

儿童执行功能的发展一方面取决于大脑成熟水平，尤其是大脑前额叶皮层的发展。另一方面，执行功能的发展与后天生活和教育环境有着密切的关系。环境对孩子行为发展和培养具有关键作用并具有深远影响。发展的生态系统理论认为儿童在成长过程中处于由家庭、学校、社区和社会等众多环境层次结合而成的纷繁复杂的关系网当中，其中家庭环境是对儿童产生影响最直接、最早期、最主要的环境。它包括家庭社会经济状态、父母教育程度、父母职业、家庭结构等背景性家庭环境以及父母教养方式，主要抚养者对儿童需求的敏感性、对儿童实施要求和控制的类型、家庭内部心理环境和儿童自身的一些人格特质以及所接触到的同伴群体等很多其他因素都会对儿童执行功能的发展产生深远影响。除此之外，儿童入学后的学习经验，与同学、老师的人际互动等都能不同程度地影响执行功能的发展。

童年早期是了解教养方式对执行功能影响的关键时期，因为在这个时期环境经验会显著影响执行功能发展的相应的脑区（前额叶），并且这个时期的儿童尤其依赖于抚育者提供的刺激、教养和规范。亲子关系作为儿童早期生活环境影响因素的核心，是家庭生活中影响最强烈最持久的因素。在这当中，主要抚养者早期的养育行为为儿童提供了至关重要的关系经历，养育行为中的三个主要维度——母亲的敏感性、自主性支持和将心比心都能影响到儿童执行功能的发展。

研究者认为与执行功能发展相关的教养行为主要包括四种：（1）支架（scaffolding），（2）刺激（stimulation），（3）敏感/积极响应 vs. 敌对/拒绝（sensitivity/responsiveness vs. hostility/rejection），（4）控制（control）。父母的支架（语言或者身体上的指导）通常包含父母通过语言或者行动来帮助儿童参与到一个挑战性活动的努力或者指导，包括对儿童观点、选择、决定或者问题解决的支持或鼓励。刺激通常指给儿童认知技能发展提供丰富的交互环境，包括让儿童阅读等。依恋理论认为，敏感/积极响应的教养方式能够促进自我调节策略的内化。社会认知学习理论认为，支持性的或者民主权威性的环境有助于儿童调节能力的发展，而消极的控制环境（如严厉约束）则不利于儿童调节能力的发展。

（三）家庭社会经济地位对执行功能发展的影响

社会经济地位（social economic status，简称 SES），是对个体的社会地位和经济地位的度量，根据个体能够获取或者控制的社会资源数量对其进行社会层级划分，参照的社会资源一般包括教育程度、收入水平和职业声望等因素。

众多研究表明，来自不同经济社会地位家庭的儿童在学业表现中存在差距。研究进一步表明与学业表现有关的认知能力都存在相应的差距，处于家庭经济社会地位不利条件下的儿童在语言能力、记忆、执行功能、社会-情绪加工能力等方面的表现都比社会经济地位较好的同龄儿童要差一些。认知神经科学方面的研究也表明，家庭社会经济地位会影响个体脑结构和脑功能的发育。如图1-2-3所示，不同SES水平对儿童大脑皮层灰质体积发育轨迹存在显著的影响，不利处境地位的儿童发育显著落后于较好处境的儿童。

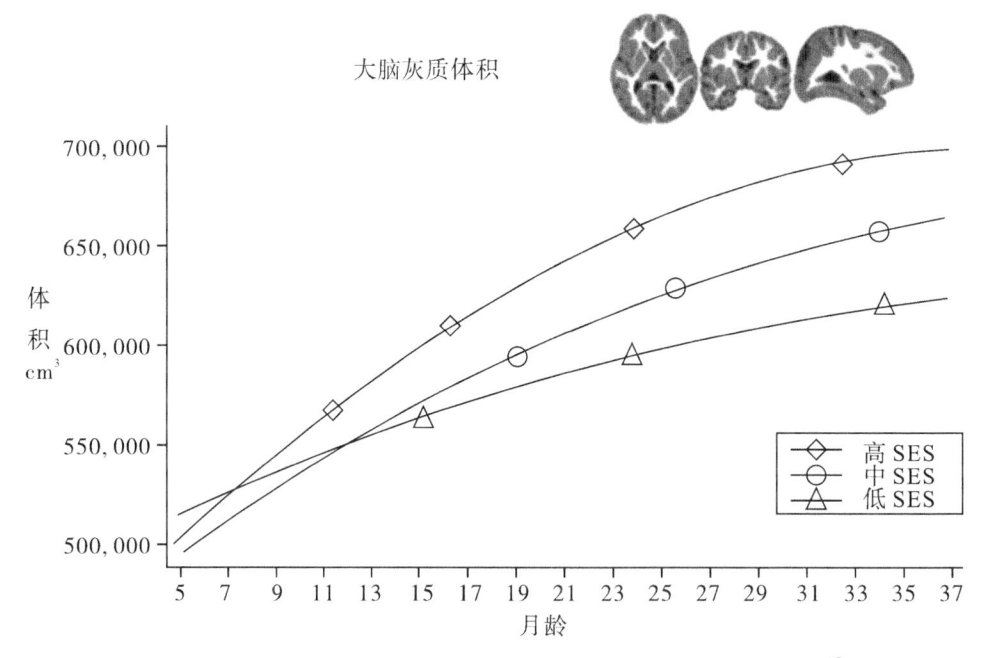

图1-2-3 不同SES水平下儿童大脑灰质体积发展变化曲线[1]

注：横轴表示月龄从5个月到37个月，纵轴表示大脑皮层灰质体积。

---

[1] HANSON J L, NICOLE H, SHEN D G, et al. Family poverty affects the rate of human infant brain growth[J]. Plos one, 2015, 10（12）: e0146434.

Ursache 和 Noble 综合以往的实证研究，提出了社会经济地位影响个体认知神经能力发展机制的模型。家庭社会经济地位对个体认知能力的发展主要是通过两个路径（图 1-2-4），第一个主要是通过影响家庭语言环境，从而影响与语言发展有关的大脑左半球皮层，进而影响儿童语言能力的发展。社会经济地位影响家庭语言环境主要体现在几个方面。高社会经济地位的家庭的语言环境通常比较丰富，父母使用的句法的复杂程度、长度等数量差异以及父母对儿童语言的反应性、引导性等语言质量上的差异都会对儿童语言的发展产生影响。另外家庭社会经济地位会决定家庭的学习环境和学习资源。高社会经济地位的家庭愿意和有能力投入资源到子女教育中，从而促进子女学业成就的发展；而低社会经济地位的家庭只能把有限的资源投入到家庭生活必需品上。

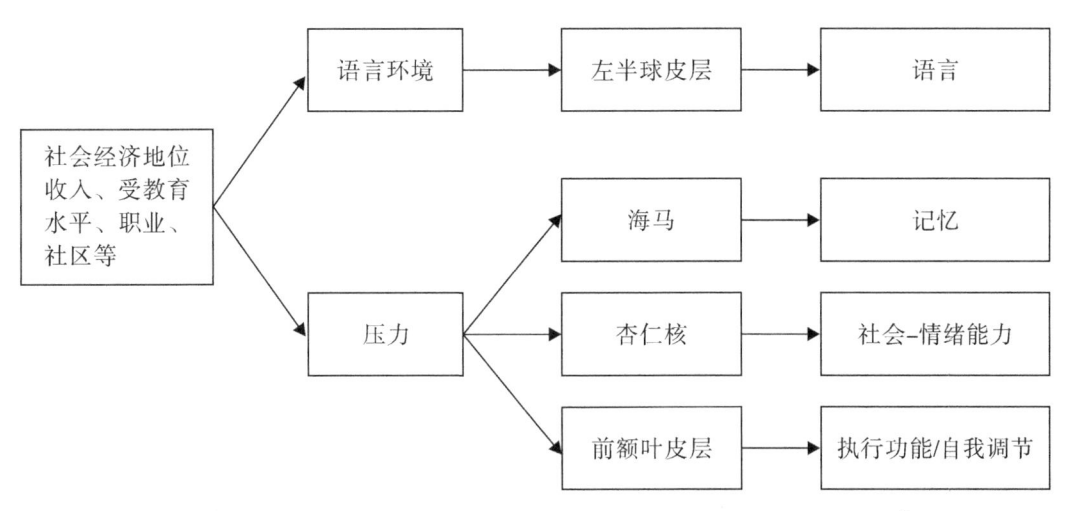

图 1-2-4 社会经济地位影响儿童认知神经能力发展的机制模型[①]

第二条影响路径是通过压力，家庭社会经济地位不利可以造成多种生理和社会环境的压力。低社会经济地位的家庭一般会表现出较差的教养情况、拥挤嘈杂的环境、家庭生活缺乏规划和秩序、不确定性因素较高等，所有这些都会导致压力。压力会显著地影响个体前额叶、海马和杏仁核的功能，这些部位与个体的执行功能、记忆和情绪等社会反应相关联。

[①] BRITO N H, NOBLE K G. Socioeconomic status and structural brain development[J]. Frontiers in neuroscience, 2014, 8: 276-288.

压力会使儿童产生生理应激反应，主要是这些生理应激反应影响了儿童认知神经能力的发展。个体的应激反应同时受到交感系统和下丘脑-垂体-肾上腺轴（HPA轴）活动的调节。研究表明，社会经济地位处境不利的情况与HPA轴功能失调的某些症状相联系。一些研究发现社会经济地位不利情况与皮质醇增多症相关联，也有一些研究发现社会经济地位处境不利于皮质醇退化症状相关联。无论是皮质醇增多还是不足，都是不利于个体正常认知神经功能发展的表现。根据耶克斯-道德森定律，复杂的认知功能需要中等水平的唤醒程度，较高或者较低程度的唤醒都会削弱认知功能的表现。前额叶皮层、海马和杏仁核等部位分布有非常广泛的皮质醇受体。较高水平的压力会影响海马的工作，但是中等水平的压力会抑制前额叶皮层的功能，导致前额叶皮层是对压力最为敏感的部位。前额叶皮层没有盐皮质醇受体，只有糖皮质醇受体，使得前额叶皮层对于皮质醇水平变化的感受增强。另外前额叶皮层含有大量的儿茶酚胺类受体，这也使得前额叶皮层对于交感神经系统的应激反应非常敏感。多项研究表明，当唤醒水平较低，比如疲劳情况下，前额叶皮层不能很好地支持执行功能的活动。当唤醒水平提升至中等水平，去甲肾上腺素的水平提升之后，前额叶皮层才能有效地进行注意、情绪和动作的控制功能。但是，当儿茶酚胺受体饱和之后，前额叶皮层的活动就会被抑制，由边缘系统控制的自动化的反射类活动就会增加。也就是说，随着压力水平的增加，个体越来越难以通过自上而下的控制来抑制无关信息的干扰。

Blair等人的研究表明，父母表现出较少的积极教养行为与儿童基线皮质醇水平较高相关，并与儿童执行功能水平较差有关。Kim等人发现长期的压力能够中介童年期的家庭收入水平与个体在情绪调节任务中前额叶皮层活动水平。另外，较好的应对压力的调节能力与较好的执行功能水平相联系。Blair，Granger和Razza的研究表明，对于一个轻微的压力刺激，做出适度皮质醇反应和恢复的幼儿比没有做出反应的幼儿的执行功能水平要高。这种对于压力缺乏反应的表现可能是儿童压力生理反应失调的表现，这可能是由于儿童长期处于压力的环境中，他们的压力应激系统持续工作而出现的耗竭现象。另外，贫困导致的压力通常会影响家长的教养方式，家长可能会对儿童的要求和反应缺乏敏感性、回应性和支持性，而儿童自我调节能力正是在与家长这种互动与回应中发展起来的。Blair等人的纵向研究表明，低收入与家长较少的积极教养相关，从而削弱婴幼儿执行功能的发展。

　　语言环境和压力两条路径虽然相对独立，但并非完全无关，相反它们也会交互地影响儿童认知能力的发展。压力可能导致父母对孩子语言环境的发展投入度和投入资源降低，父母较少与孩子进行亲子阅读和对话等。另一方面，如果儿童生活在语言环境丰富的环境中，则会促进儿童执行功能的发展，因为掌握复杂的语句结构，需要儿童具有较好的工作记忆能力。有研究表明，家庭语言的复杂性而不是儿童自己语言的使用能够预测儿童在执行功能任务中的准确性和右侧额叶内侧回的激活。

第二章
电子媒体使用对儿童发展影响的理论模型

第一节 媒体特征视角

一、涵化理论（cultivation theory）

涵化理论主要用于解释媒体（如电视、网络等）内容与个体真实世界感知的关系。该理论认为，观看更多电视节目的个体更倾向于认为真实的世界和电视媒体中描述的一致，即媒体的内容会影响个体对世界的态度，进一步改变个体的行为。它主要关注的是媒体内容作为一个整体对个体产生的长期的持续性的累积影响。涵化理论关注的领域主要包括电视媒体内容对与健康有关的态度和行为、性别刻板印象、政治态度和行为、对婚姻家庭的态度、对待少数民族和宗教的态度等的影响（涵化）。

研究者关注媒体中暴力内容对青少年暴力行为的影响，过度接触暴力内容会导致个体认为暴力行为是一种解决问题的有效方式，因此更容易产生攻击性行为。另外，网络游戏角色对于男女角色的设定也会不断强化传统的角色观念。电子游戏或网络游戏的主要角色大部分是男性，游戏活动大部分是男性导向，因此男孩比女孩更容易对游戏产生强烈兴趣。对于男性力量或者攻击行为的宣扬，使男生更喜欢攻击类的游戏，女生则回避攻击或者吵闹的游戏，她们喜欢人物形象丰满、故事情节丰富的游戏。女生更多地用互联网等电子产品进行社会交流，男生倾向于使用互联网搜索信息和玩网络游戏等。

涵化理论主要是基于宏观整体性的视角用实证研究方法解释客观现实、媒介现实、主观现实之间的关系。最近也有研究者以涵化理论为背景关注特定类型的媒体内容对儿童和青少年发展的影响。Fischer 等人分别研究了赛车类电子游戏对危险驾驶行为的认知、情绪以及行为水平的影响,结果发现长期玩电子游戏会降低青少年驾驶的谨慎性,提高个体的情绪唤起水平和兴奋水平,以致在现实生活中出现更多的危险驾驶行为。Beullens 等人对 354 名未取得驾照的青少年进行为期两年的追踪研究,结果显示在控制了个体的攻击水平和感觉寻求之后,玩电子游戏的时间依然能够显著地预测个体未来的危险驾驶行为。

涵化理论将个体作为被动接受影响的客体,强调媒体内容对个体潜移默化的作用,忽略了个体的主动性以及个体和电子媒体之间的互动。

二、影响路径取向

维果斯基关于认知发展的社会文化理论认为,认知的发展是通过文化提供的工具实现的。使用工具发展出不同的技能从而影响思维和学习以及发展,而计算机、游戏和互联网是现代科技社会最新的文化工具,对它们的使用会怎样影响个体尤其是儿童的发展? Subrahmanyam 和 Greenfield 依据影响路径取向("pathways of influence" approach)提出电子媒体对儿童发展影响存在三条路径。

第一条路径是通过使用时间。依据代替假说,儿童花费在电子产品上的时间将会占用那些对儿童发展有重大意义的其他活动(如阅读、亲子交流、户外运动等)的时间。随着新媒体的发展,代替作用变得更复杂了。各种形式的媒体之间的交互使用的现象似乎比替代作用更强。也就是说,儿童并不因为玩电子游戏或者电脑而减少了电视的观看,相反,他会同时打开电脑和计算机,同时进行多种媒体活动。对于儿童和青少年群体,媒体多任务已经是非常普遍的现象。

第二条路径是媒体的形式特征。形式特征是指电视、计算机和互联网等电子产品的符号表征系统。使用者需要不断地编码、理解信息的含义,对某种媒体形式的长期使用将会发展出适应这种媒体语言的相应技能。Greenfield 等人考察电视和广播对儿童想象表征和记忆表征的影响。广播主要是通过语言听觉表征方式传达信息,电视在此基础之上,还有视觉—动作表征方式。在实验中,一年级和三年级的学生被随机分配到电视观看组和广播收听组,两组儿童会看或者听到同一配音的一段故事。在想象力表征测验中,实验者会提前关闭电视或广播,让儿童想象并叙述接下来的故事。结果表明收听广播组的儿童比观看电视组的叙述中出现更多新的事件、人物和单词。研究结果说明电视提供了丰富的外部表征信息，从而不能很好地激发儿童内部想象表征。在记忆表征的实验中，当两组儿童听完或看完故事后，要求他们向研究者复述刚才的故事、回答一个关于故事的问题等，结果表明观看组的儿童的回忆成绩显著好于收听组，并且观看组的儿童更多使用动作表征、视听细节信息来回忆，而听觉组儿童的复述中则更多的是关于听觉通道的信息，比如故事中的对话。研究的结果表明视觉—动作的表征方式比语言—听觉的表征方式可能更适合儿童进行学习。这跟儿童期认知表征方式主要是视觉—动作表征有关。视频游戏的研究也表明其对儿童视觉空间注意和空间感知能力的促进。视频游戏使儿童同时监控几种视觉刺激，纵观图形变化，识别不同的符号，觉察各种视觉空间之间的关系等，这些需要同时性加工能力的计算机操作，会提高对视觉和元认知技能的要求，从而促进儿童这方面能力的发展。

第三条路径是通过媒体内容，即通过媒体不同形式特征所展示的信息。社会认知理论认为，儿童可以观察媒体中角色的行为，从媒体的使用过程中学习解决问题的方法甚至了解外部世界的情况。行为是否被习得取决于行为的结果是受到奖励还是惩罚，受到奖励的行为比受到惩罚的行为更容易被儿童习得，那些没有表明后果的行为也会被儿童习得，因为没有受到惩罚会被解释为该行为是被默许的。

Subrahmanyam 和 Greenfield 依据媒体使用时间、媒体的形式特征和媒体的内容特征三个角度阐述了媒体使用对儿童产生影响的路径，对于全面理解媒体产生效果的方式具有重要意义，但是该理论观点忽略了媒体使用情境等社会性因素的作用。基于媒体形式特征这一路径，未来研究需要探明那些新兴的游戏方式（如体感类游戏）是否会对儿童表征和认知方式产生影响，那些将视听信息结合的电子书对儿童阅读能力的帮助是否更优于纸质媒体等。

第二节 个体特征视角

一、代替理论（displacement theory）

代替理论认为媒体使用会减少儿童从事对自身发展有益的活动（学习、阅读、户外运动等）。电子媒体所产生的替代方式至少存在三种：第一种可能，电子媒体的使用占用了功能等同的其他活动（例如电脑游戏代替了电子游戏）；第二种可能，代替了功能相似但是结构性较弱的活动（电子游戏代替了户外活动）；第三种可能，占用了儿童不喜欢的活动或者对儿童发展有益的活动（如电子游戏占用了学习或者睡觉的时间）。因此，电子媒体的使用在何种程度上代替了何种活动很大程度上影响了其对儿童的影响。媒体使用的程度对其他活动的影响是曲线式的，短时间的媒体使用并不会占用太多其他活动的时间，并且可以促进儿童的表现和发展，电子媒体教育效果的高峰在一到两个小时之后就会下降。过度的媒体使用将会占用学习、阅读和与他人交流的时间，并且会导致儿童成就降低、增加社会疏离感、低自尊以及与他人交往的无力感等。

关于代替效应中，研究者最关心的就是儿童独自操作电子产品会阻碍社会行为的发展。早期研究结果表明，通过互联网等电子产品的交往会减少个体面对面的交往，从而削弱个体和社会的连接。Kraut 等人的研究表明互联网的使用与家庭沟通的减少、交际圈的缩小、孤独感和抑郁水平的增加相联系；Mesch 研究表明以色列青少年对互联网的使用和家庭亲密度呈负相关并和家庭冲突正相关；Nie 等人使用时间日记记录的方法，发现互联网使用时间的增加会减少与家人和朋友在一起的时间。这些研究结果引起了研究者的广泛关注，但是对于这些结果要慎重解释。首先，交往时间作为衡量社会交往质量的标准是否准确，这也是传统的测量媒体使用时间面临的一个普遍问题；其次，互联网总体使用时间和互联网某一特定内容（在线交流、娱乐等）的使用对儿童青少年产生的效果可能不一致；最后，在线交流与面对面的交流对青少年的作用各有不同，对于某些远距离的社会关系，线上交流可以发挥面对面交流不可替代的作用。

随着研究的进行，后期的多项研究表明，互联网或者其他电子产品是一种保持社会连接、制造新的社会关系网络的手段，它们可以促进社会交往，扩大个体的社交网络，增加个体关系间的亲密程度。Kraut 等人在其 1998 年样本基础上的研究发现，互联网使用和家庭沟通时间减少、社交圈缩小之间的相关性不再显著。样本增加了新近购买计算机和电视机的被试，发现他们对互联网的使用和家庭成员、朋友之间的交往增加显著相关。他们认为研究结果的差异来源于研究对象的成熟、互联网使用方式以及互联网环境和服务的改变。Lee 和 Kuo 发现互联网使用增加了儿童和青少年与同伴或者朋友互动的时间，使个体能够更快速便捷地找到志趣相投的朋友。另外，儿童或者青少年在网上聊天的对象主要还是平时生活中的朋友，因此这种在线交流能够增强同伴之间的友谊，提高友情的质量。

有更进一步的研究发现，在线交流对社会交往的促进作用有两种不同的表现方式，研究者将其概括为富者更富（rich-get-richer）和社会补偿假说（social-compensation hypotheses）。富者更富假说认为，具有更好社会网络和社交技能的个体可以从互联网交往中获得更多的益处，他们会通过互联网加强和朋友之间的沟通联系；朋友的数量会影响青少年使用即时通信的时长和频率。补偿假说认为，互联网能够弥补那些社会焦虑或者社会疏离个体的社交网络，对于线下交往具有恐惧的个体，线上交流无疑是一个更具吸引力的平台和方式，他们更易在网络的环境中建立与他人的连接。内向的个体认为互联网交往使他们能够自由表达自己的感受，他们比外向的个体更喜欢用互联网与朋友进行沟通和交流，害羞的个体在网上建立社交关系的过程中表现出更低的害羞水平、更低的对拒绝的敏感性和更高水平的社交能力。而 Tosun 和 Lajunen 研究显示，高外向性人格特质的青少年会更多地使用互联网去建立新的人际关系，并把网上交际作为一种对现实社会人际交往的延伸和补充；而高精神质的青少年把网上交际作为对现实社会人际交往的替代。与富者更富假说相对立的还有一种假说——穷者更穷（the poor-get-poorer hypothesis）认为那些在现实交往中处于劣势的青少年如果将网络作为逃避现实的手段将会带来更严重的后果，他们可能沉溺于一些网上冲浪或者游戏而非进行在线交流。

综合以上研究，我们发现引起研究者争论不休的原因，主要是他们关注的领域以及对概念的界定不一致造成的。早期 Kraut 等人的研究关注的是互联网的整体使用对个体社会卷入以及抑郁的影响；后期的多项研究更多的关注的是电子产品使用的某一方面如在线交流对于个体的某一方面发展如亲密关系（友谊质量等）的关注。另外，关于"穷"和"富"的具体界定，不同的研究者关注不同的个体特征，如社会焦虑、性格的内外向以及线下朋友的数量，但是这些特质和特点在维度的划分上并不能重合，所以导致了在验证不同理论假说时候结果的不一致。最后，对于性别等相关变量的控制也会影响结果的差异。Desjarlais 和 Willoughby 开展的一项为期 4 年的纵向研究发现，女生会将在线交流作为一种保持友谊质量的重要手段，支持了社会补偿效应和富者更富假说；男生的社会焦虑水平会调节他们使用在线交流和友谊质量的关系，支持了社会补偿假说，并且这一结果表现出了发展的一致性。

因此考察电子产品对儿童和青少年发展的影响，不能简单地衡量儿童从事各种活动的时间，要综合考虑包括儿童媒体使用的类型、时间长短、目的以及儿童本身的特质甚至媒体使用的背景等。

二、使用－满足理论（use-and-gratification theory）

使用－满足理论将媒体研究的视角从关注媒体对个体的影响转变为个体能够从媒体使用中获得什么，他们认为个体是主动的、具有目标性，个体在使用电子产品的时候具有不同的动机和需求，媒体的使用使个体这些需求或动机得到满足。因此媒体使用的影响依赖于个体特质和使用动机（学习或是娱乐）。Rubin提出电子产品使用的三种动机：转移/逃避、自我同一性/社会功能、信息寻求/认知。儿童和青少年利用手机、即时信息、聊天室、社交网络等平台，与同伴和家人进行沟通交流，进行自我同一性的探索等，这些电子产品已经成为儿童和青少年发展不可或缺的工具。儿童使用互联网的主要动机是浏览网页、玩游戏和进行社会交往。从发展的观点看，浏览网页涉及的认知过程包括文本理解和图像识别。儿童浏览网页过程中阅读的内容，会不断丰富其知识库和概念的发展。在网页中搜索有价值的或个体需要的信息，也会使元认知功能中的计划、策略搜寻和信息评估得到训练。

儿童对计算机的使用重点、进行电子游戏的内容和动机会随着年龄的增长而不断变化。较小的儿童主要用计算机来打游戏，年龄较大的儿童则会通过计算机进行网页的浏览、线上交流和即时通信；随着儿童的发展，他们会逐渐从教育类游戏转移到感觉运动类游戏；低年级儿童玩游戏的动机主要是挑战性和趣味性，初中以后游戏的社会动机逐渐明显，儿童和青少年通过游戏进行同辈间交流、竞争以及游戏策略的分享等。

第三节　交互作用视角

一、社会认知理论

社会认知理论认为，行为、个体、环境处于动态交互的网络中，个体是具有自我调节能力的主体。个体行为的获得不仅依赖于个体的主动经验，更重要的来自观察学习。作为观察学习中的榜样对个体行为的影响机制是多重的——教师、动机、抑制、解除抑制、社会促进、情绪唤醒、观念形成以及对现实的感知等。

如果媒体能够提供儿童所需要的信息或者引发儿童进行学习，那么媒体就能够促进儿童的发展。因此电子产品对儿童发展的影响依赖于电子产品的内容和儿童自身的发展水平。儿童可以从媒体的使用过程中学习不同电子产品的操作方法和使用方法、解决问题的方法甚至了解外部世界的情况。但是婴儿和幼儿是不容易从电子媒体中获得学习的，他们需要从与真实的个体进行接触获得认知发展。到3岁的时候，儿童可以从具有教育内容的电子媒体中获益，但如果儿童单纯地观看娱乐或者暴力内容的节目，将不利于他们的认知发展。那些促进儿童亲社会行为的项目设计的确能够促进增加儿童的社会能力，相反一些娱乐节目的内容也会使儿童产生恐惧和焦虑。3—8岁的儿童经常害怕虚构的恐怖人物，更大一点的儿童则更容易被现实中的伤害和暴力所影响。

教育类的软件给儿童提供了丰富的选择和自由操作的机会，开放式结尾的软件允许儿童做出自己的决定，他们会形成一定的主动性，自尊水平也会有所增加。有些在常规活动中并不受欢迎的儿童，很可能具有计算机或者网络方面的丰富知识，因此在计算机辅助的合作学习中更受同伴欢迎。在课程中将计算机活动和其他活动进行结合，将会增加孩子之间的互动；解决问题的时候，儿童发展出批判性的思维，他们和同伴们一起检查问题的不同方面，共同协商，找到更好的解决办法，即使最后没有找到最好的解决办法，整个解决问题的过程也是积极有益的经验。

二、媒体效果差别易感性模型

Valkenburg和Peter在综合前人理论和研究的基础上提出媒体效果差别易感性模型（differential susceptibility to media effects model，DSMM）。该模型从个体差异的角度出发，解释为什么有的个体比其他个体更容易受到媒体使用的影响。模型有四个核心的观点（见图2-3-1）：（1）媒体效果是有条件的（conditional）；（2）媒体效果是间接的；（3）不同的易感性因素具有多重角色——媒体使用的前因变量和调节变量；（4）媒体效果是交互的。

观点1：媒体效果是有条件的。指的是媒体的效果依赖于三类易感性变量：特质的、发展的和社会的。特质易感性变量指能够决定个体对媒体的选择和反应的个人因素，如人格、气质和图式等。发展易感性指的是个体或儿童在认知、情绪情感和社会性发展水平的差异导致个体选择使用不同的媒体并对媒体做出不同的反应。社会易感性指影响媒体效果和使用的社会背景性因素。观点2：媒体效果是间接的。指的是媒体效果是通过影响个体的认知、情绪和生理唤醒等反应状态来间接影响个体。认知反应状态包括儿童对媒体内容的注意、保持和理解吸收的过程。情绪情感反应状态是指媒体内容引起的情感反应，比如伤心、恐惧、高兴等。生理唤醒状态指的是媒体内容对个体引起的生理唤醒水平。具有不同易感性水平的儿童在面对相同的媒体内容时也可能产生不一样的反应。观点3：不同的易感性因素具有多重角色——媒体使用的前因变量和调节变量。作为媒体使用的前因变量，它们会预测个体对媒体的选择；作为媒体效果的调节变量，它们可以增强或者削弱媒体的间接效果。这两种角色可以同时存在。观点4：媒体效果是交互的。媒体效果可以反过来影响个体的反应状态，影响个体对媒体使用的选择，影响个体的易感性水平等。

媒体效果差别易感性模型的观点1和3有广泛的研究结果作为证据，媒体效果依赖于个体特质的、发展的和社会性的因素。但是关于媒体使用对儿童影响的内部机制（观点2）还少有研究。该理论模型从媒体使用的前因变量、调节变量、过程变量上同时考察媒体因素和非媒体因素对媒体效果的影响，是一个较为全面且可操作的理论框架。未来研究还需进一步验证和完善该理论模型。

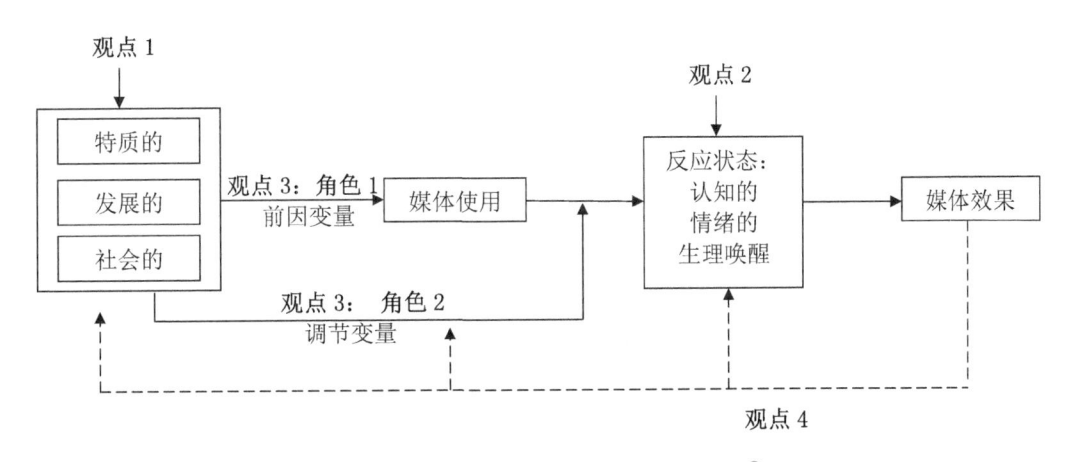

图 2-3-1　媒体效果差别易感性模型[1]

三、生态科技—微系统模型

（一）互相嵌套的、交互的、动态的环境系统

生态系统理论认为环境是互相嵌套的具有层次的动态过程系统。生态—科技微系统

---

[1] VALKENBURG P M, PETER J. The differential susceptibility to media effects model[J]. Journal of communication, 2013, 63（2）: 221-243.

是儿童发展整个生态系统中的一个亚系统，体现了家庭、学校和社区中电子产品的使用对儿童发展的影响。科技—微系统包括儿童与个体以及非生物体之间的互动。如图2-3-2所示，电子产品使用对儿童的影响理论上是通过微系统中科技—亚系统来调节的。

微系统中对儿童发展起直接作用的因素包括家庭、同伴及学校等。家庭中电子产品的数量及其摆放位置，家庭成员对儿童媒体使用的陪伴，对媒体使用的规定，对户外活动的鼓励程度都会影响儿童的媒体使用行为。同伴是儿童进行社会比较的重要群体，同伴间的分享为那些在家庭中无法接触媒体的儿童提供接触最新媒体的机会。学校对电子媒体辅助教学的态度，教师布置的需要通过计算机或网络完成的课业，都会在一定程度上影响儿童对电子媒体的使用。中间系统指各微系统之间的交互作用。当来自家庭、社区、学校等微系统所提供的社会经验是一致的，儿童才能顺利整合这些社会化的信息。外系统对儿童的影响是间接的。时间紧张的父母可能把电子产品作为陪伴儿童的手段，工作中对于电子产品的依赖会促使家长培养儿童的媒介素养等。学校、社区等对于电子媒体的政策和态度都会间接影响儿童媒体使用的环境和机会。社会、科技不断地进步，电子产品及其所衍生的一系列相关活动都随之不断地变化，个体同样会经历人生发展的不同阶段，需要面临不同的发展任务，因此二者之间的交互也在不断地变化。

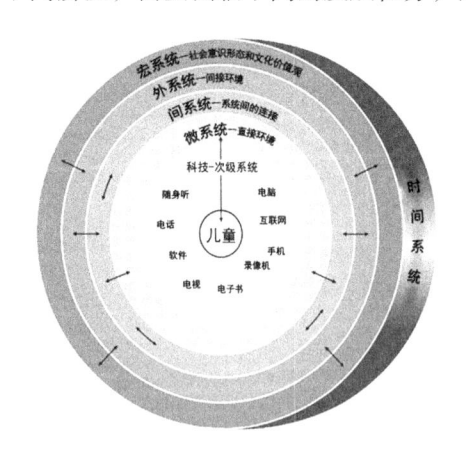

图2-3-2　生态科技—亚系统[1]　　　　图2-3-3　生态科技—微系统[2]

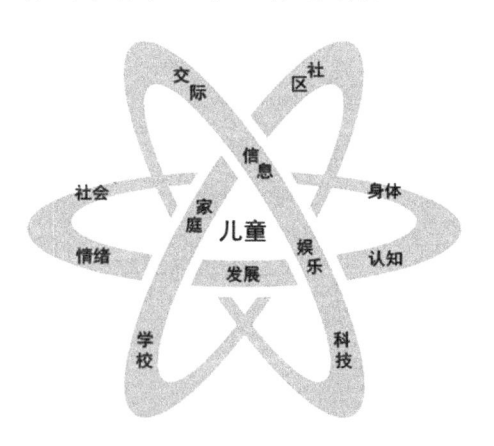

[1] JOHNSON G, PUPLAMPU P. A conceptual framework for understanding the effect of the Internet on child development: The ecological techno-subsystem[J]. Canadian journal of learning and technology, 2008, 34: 19-28.

[2] JOHNSON G, PUPLAMPU P. A conceptual framework for understanding the effect of the Internet on child development: The ecological techno-subsystem[J]. Canadian journal of learning and technology, 2008, 34: 19-28.

（二）发展源于个体和环境之间的交互作用

如图 2-3-3 所示，生态科技—微系统包括两个相互分离的环境维度：电子产品提供的社交、信息、娱乐、科技等不同方面的使用功能，以及媒体使用的环境——家庭、学校或社区。儿童的情绪情感、社会行为、认知和生理的发展是通过个体的特质和环境之间不断的交互作用产生的。电子产品的影响依赖于儿童的使用动机，同时家庭特点也会影响其作用效果。父母的教育水平和家庭经济条件能够影响儿童接触电子产品的机会。家庭凝聚力的增强，家庭成员共同的媒体活动，对电子产品使用的适当控制等这些手段都可以减少儿童接触消极内容的机会，使儿童从电子媒体的活动中获益。

电子产品的使用环境也会影响其效果。儿童在家庭中更多选择自己活动，通过随机学习进行更充分的自我探索；在学校教师更多地控制活动进程，儿童需要在限定的时间内进行有目标导向的学习；有研究表明，儿童家庭互联网的使用而非学校的使用与其问题解决的创造性水平显著相关。因此，儿童在不同的环境中对电子媒体不同内容、不同程度地使用，会对儿童产生不同的影响。

四、小结

在解释电子产品对儿童发展的影响时，很难说其中哪一个理论可以作为实证研究或者结果解释的黄金准则。它们作为媒体对儿童影响的众多理论中比较有影响的，有不同的侧重点，各理论之间互相延伸互相补充。涵化理论强调媒体总体内容对个体长期的潜移默化的影响，其研究范围广泛，对于社会政策、教育政策的制定，媒体发展的导向具有重要的意义。代替理论及由代替理论衍生的一系列相关的假说关注电子产品提供的社会交往对儿童和青少年的社会性行为尤其是亲密关系产生的影响。使用满足理论的出现为媒体影响的研究提供了新的转机，使研究者转变了将个体作为被动接受影响的观点，开始寻求个体作为有主观能动性的、寻求动机满足的主动体。社会认知理论和生态科技—微系统理论都是强调环境和个体之间的交互作用，社会认知理论从观察学习的角度强调个体通过电子产品中的榜样如何塑造自身行为，生态科技—微系统理论则关注儿童在不同系统中行为模式的差异及其对儿童发展不同方面产生影响的差异。面对同一个现象，不同的理论可以从不同的角度进行合理的解释，比如游戏中的暴力内容对儿童攻击性的影响，涵化理论认为这是媒体内容对儿童涵化的结果，社会认知理论认为这是观察学习的结果，使用满足理论认为本身具有攻击倾向的个体很可能更倾向于在暴力游戏中满足自身这种攻击的需要，生态科技—微系统理论则认为儿童在学校的环境中和家庭的环境中玩暴力游戏的频率存在差异，在学校进行更多的教育类游戏等等。

每个理论都从不同的角度和层面作出了解释，但是这些理论也都存在一定程度的不足。有元分析表明，涵化对媒体影响的解释率并不高，但是解释率不高并不是仅仅存在于电子产品对儿童影响效果这一领域，由于心理学研究对象的特殊性，很多变量不易控制等，很多研究领域的元分析都表明了解释率较低这一问题。另外，以上理论很大程度上发端于研究传统媒体（电视、电影、报纸等）对儿童的影响，如何将这些理论应用于新媒体（智能手机、互联网、平板电脑、社交网络等）对儿童和青少年发展的影响中是一个亟待解决的问题。

电子产品对儿童发展的影响效果依赖于儿童的年龄、性别、使用动机等个体因素，家庭、学校等环境因素以及媒体内容三方面之间复杂的交互作用。因此考察电子产品对儿童发展的影响需要基于综合的视角构建理论模型，尤其当电子产品的优点和弊端错综存在时，这种综合的研究导向尤为重要。研究者应根据研究对象的具体特性，考虑理论的实用性，在研究问题的时候要不断作出调整和修正，使理论适用于社会背景的发展和儿童的发展。

第三章
儿童电子媒体使用与其执行功能的关系

本章将通过四项实证研究考查儿童电子媒体使用，主要是电视观看和电子游戏，与幼儿和小学儿童执行功能发展间的关系，以及家长行为潜在的调节作用。

第一节 电视观看与幼儿执行功能：家长调节行为的作用

一、引言

随着电子媒体的发展，越来越多的儿童开始在很小的年龄就接触和使用电子媒体。处于大脑快速发展中的儿童对于电子媒体的影响可能会更敏感，电子媒体对他们情绪社会能力和认知能力包括执行功能的影响可能会更大。执行功能是对个体的行为、认知和情绪起监控和调节作用的一些高级认知能力。执行功能对儿童的学业成功、认知、情绪和社会性的发展都非常重要。近几年，多项研究考察了媒体使用，如电视观看对学前幼儿执行功能的影响。但是关于媒体使用对儿童执行功能的研究结果并不一致，有的研究发现了电视观看对儿童执行功能的消极影响，但是另外的研究也发现电视观看的积极作用。近期研究者开始关注家庭因素，如父母对儿童媒体使用的管理和监控行为对媒体影响作用的调节作用，研究结果表明，媒体影响的效果不仅依赖于儿童使用什么内容的媒体，还依赖于儿童如何以及在什么样的环境中使用媒体。

众多关于媒体使用与儿童执行功能发展的研究都是关注欧美儿童群体，很少有研究关注中国儿童。但是中国儿童的执行功能发展以及中国的儿童节目与国外存在一定的差异。此外，中国儿童在执行功能的发展方面优于同年龄的西方儿童。这可能是由于中国家长以及教师对儿童在日常生活中自我控制行为的训练和要求。因此在中国儿童群体中开展媒体使用对其执行功能发展影响的研究，能够为该领域的研究结果提供新的证据。

研究者提出许多理论来解释媒体使用对儿童发展的影响。媒体使用影响儿童发展可能存在几条可能的途径。第一条就是使用时间。研究者认为媒体使用会挤占对儿童发展有利的活动，比如睡眠和阅读等。但是，也有研究发现，媒体活动通常会替代或挤占功能类似的活动，而不会替代对儿童有利的活动。第二条影响路径是通过媒体内容。暴力的媒体内容可能会通过影响儿童的唤醒水平或者通过启动儿童的攻击认知脚本而导致与注意力缺陷多动障碍相关的行为或者症状，比如注意问题、冲动和多动等。另外也有一些研究者认为，快速剪辑或变换视角的媒体内容会使儿童形成扫视的注意习惯模式，并将进一步阻碍儿童形成需要持续注意的能力。媒体影响儿童发展的第三条可能的路径就是儿童媒体使用的背景或环境，比如父母对儿童媒体使用行为的调节和控制行为将会调节媒体的影响效果。

Christakis 提出一个概念模型以解释电视观看对儿童发展影响的模型，如图 3-1-1 所示。这个模型也可以扩展到其他媒体使用对儿童执行功能的影响。媒体使用对儿童发展的影响依赖于儿童使用了什么内容，他们在什么样的情境或者环境中使用媒体以及他们花费了多长时间来进行这些媒体活动，这些因素都会决定媒体对儿童发展影响的性质。以往关于媒体使用对儿童发展影响的研究多关注使用时间对儿童发展的直接影响，近期越来越多的研究发现，媒体的内容和媒体使用的背景会调节这个直接影响。

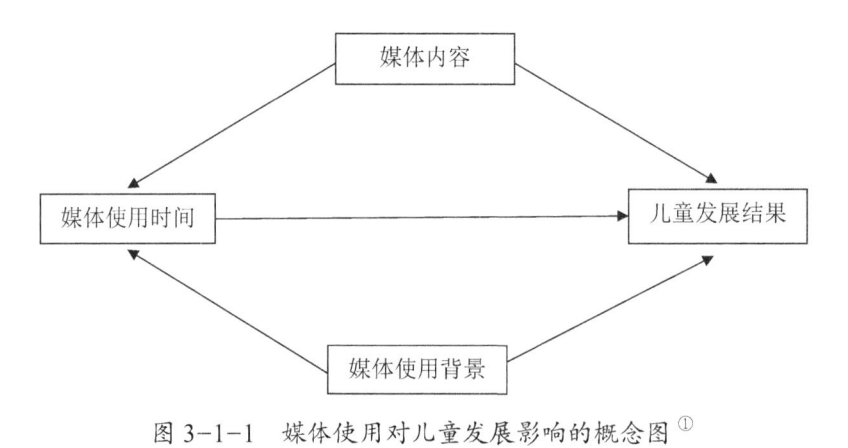

图 3-1-1 媒体使用对儿童发展影响的概念图[1]

---

[1] CHRISTAKIS D. The effects of infant media usage: What do we know and what should we learn? [J]. Acta paediatrica, 2009, 98（1）: 8-16.

电视与儿童执行功能的发展研究者关注较多的是电视与儿童注意的发展，注意是与执行功能密切相关的一个认知过程。关于电视对儿童注意影响的研究仍存在不一致的结论。一方面，研究发现收看电视会对儿童的注意发展产生消极影响。另一方面，研究表明学前儿童收看电视与后期多动症之间相关的效应量接近零。类似的研究结果之间存在的不一致也存在于电视观看与儿童执行功能发展的研究中。Nathanson 等人的研究发现电视观看与幼儿执行功能负相关，但是 Linebarger 等人发现对于低风险的幼儿来说执行功能与其看电视的时长正相关。研究存在不一致结论的原因可能有以下几点：首先，电视观看时间与儿童执行功能或者注意发展之间的关系是非线性的倒 U 型曲线，中等程度的观看与儿童的学业成绩呈正相关，但是过度的观看会对儿童的发展产生消极的影响。第二，目前多数的研究将时间作为收看电视的唯一量化指标，没有关注观看内容的作用。第二，对影响变量的控制不够严格，缺乏对媒体使用背景性因素的全面考虑。Fostere 和 Watkins 将 Christakis 等人的研究数据在控制贫穷地位和母亲的能力后，重新分析发现观看电视与注意问题之间的相关就消失了。

现有的研究表明，儿童开始看电视的年龄以及观看的电视节目内容及类型对于电视产生的效果都很重要。许多研究表明教育类型的电视节目，比如芝麻街对幼儿的语言发展和学业准备有益。有研究发现，如果 1 岁时观看较多成人导向的电视节目，4 岁时的执行功能较差，但是 1 岁或者 4 岁观看的儿童导向的电视节目的时长则与 4 岁时的执行功能无关。Nathanson 等人的研究发现幼儿开始看电视的年龄，观看电视的时间，以及电视节目的类型与幼儿的执行功能相关。Lillard 和 Peterson 发现短时观看娱乐类的卡通节目能削弱 4 岁儿童的执行功能。但是他们团队后续的研究表明，对儿童执行功能产生消极影响的可能主要是由于电视节目中存在的虚构的内容而非电视节目快速剪辑的特征。但是 Linebarger 等人发现低风险期幼儿观看的非教育类的电视节目与其执行功能正相关。另一方面，Nathanson 等人的研究则发现 PBS 频道（一个含有教育内容的频道）的观看时长与幼儿执行功能负相关。这些研究结果的不一致可能是由于不同研究之前使用不同的方式来对电视节目的内容进行分类而产生的。比如 Linebarger 等人使用现存的电视节目分类系统对家长报告的电视节目进行分类，而 Nathanson 等人则使用因素分析的方式来获得儿童观看的节目类型。另一个产生不一致结果的原因可能在于，电视观看时长和内容对儿童执行功能的影响可能会受到其他因素的影响（调节），比如儿童观看电视的背景。

家长对儿童媒体使用行为的监督或陪伴，能够有效地促进媒体使用的积极效果、降低媒体使用的消极影响。通常将父母对儿童媒体使用的调节行为分成三类：约束式、共同观看或使用式、指导式。约束式指对于儿童观看时长或时段的规定、对观看内容的许可以及将媒体使用作为一种奖惩手段。共同观看或使用式指的是父母与儿童因为某种原因（如共同的兴趣或陪伴等）一起观看节目或者使用电子产品。指导式指的是父母与子女讨论媒体的内容，从而帮助儿童更好地理解媒体所传达的信息。如果家长能够对儿童使用媒体的时间、使用媒体的内容进行适当的控制，与儿童共同使用媒体，对相应的媒体内容进行解释，会帮助儿童更好地理解媒体传达的信息，并有效地防止电子媒体带来的不良影响。Linebarger 等人发现家庭教养方式能够调节儿童电视观看与执行功能发展之间的关系。但是至今还未有研究探索父母关于儿童媒体使用的调节行为在儿童电视观看与执行功能发展之间的作用。

总之，通过以上讨论，我们发现电视观看与幼儿执行功能发展之间的关系还未得到很好的研究。因此，本研究将通过实验室的行为任务结合父母问卷调查 3—6 岁幼儿电视观看与其执行功能之间的关系，以及父母对于儿童电视观看的调节行为在其中的作用。特别地，本研究将考察幼儿的执行功能如何与电视观看的时长与不同类型的内容之间的关系。更重要的是，我们将 Christakis 的模型进行了一定的扩展，我们假设电视内容会中介电视观看时间的影响效果，因为通常意义上电视观看的时间总是伴随着一定内容实现的。本研究的假设模型见图 3-1-2。

本研究的研究假设如下。

（1）观看时长与执行功能正相关（H1）。

（2）观看内容与执行功能相关。儿童导向的教育节目与执行功能正相关（H2a），而儿童导向的娱乐节目（H2b）和成人导向的节目（H2c）与执行功能负相关。

（3）电视节目会中介电视观看时间对执行功能的作用（H3）。

（4）父母关于儿童观看电视节目的调节行为会调节电视观看时间对儿童执行功能影响的直接路径（H4a）和中介路径（H4b）。

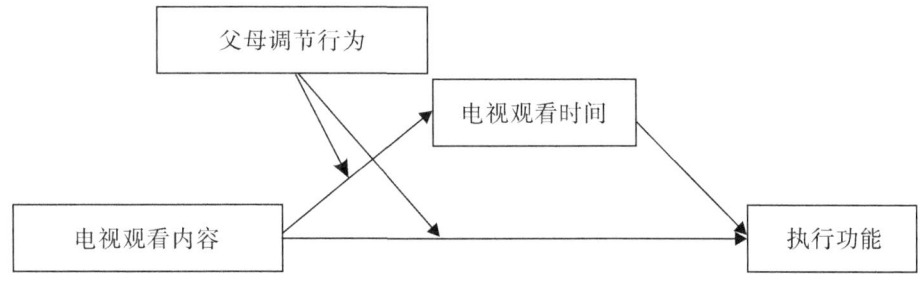

图 3-1-2 研究假设模型

二、研究方法

（一）研究对象

119 名 3—6 岁（$M=4.6$，$SD=0.9$）儿童，其中男生 61 人，女生 58 人。采用母亲的受教育情况以及家庭收入来测量家庭社会经济地位情况。98 名孩子的母亲具有大学（或大专）及以上学历。家庭月总收入共划分为 7 个等级，分别是：3000 元以下（3.4%），3001 元~6000 元（33.6%），6001 元~8000 元（31.9%），8001 元~10 000 元（16.8%），10 001 元~15 000 元（11.8%），15 001 元~30 000 元（2.5%），30 001 元以上（0）。79% 的家庭拥有一台电视机，21% 的家庭拥有至少 2 台电视机。

（二）研究材料

1. 执行功能材料

（1）工作记忆任务

倒背数字广度（back-digit span）：主试从 2 个数字长度开始，儿童将主试说出的数字串按照倒序依次重复。练习两次，给予儿童反馈，正式测试阶段不给儿童反馈。每个长度的数字有 3 个试次，儿童回答对 2 个试次以上，进入下一个数字串长度，儿童回答错误 2 个试次，结束任务。成绩为儿童能够通过的最高数字长度。

空间记忆广度：电脑屏幕上呈现 3×3 的方格，一只小动物每次随机连续地出现在 9 个方格中的一个，呈现时间 1 秒，呈现的位置 2~6 个，每个长度 3 个试次，儿童回答正确 2 个以上，进入下一个长度，同一个长度回答错误 2 个就结束任务，成绩为儿童能够通过的最高长度。练习阶段动物随机出现在一个位置，给予儿童反馈，练习 2 次之后，进入正式实验，正式实验阶段不给儿童反馈。

（2）抑制控制任务

男生—女生 Stroop：当女孩出现时，儿童要说出男生，当男生出现时，儿童要说出女生，练习阶段给予儿童反馈结果。任务包括 20 张图片，男生女生各 10 张，随机呈现，图片呈现时间 1 秒，间隔 200 毫秒。任务完成后，问儿童游戏的规则，确保儿童明白任务的规则。分数按照儿童回答正确的次数计，改答案记为错误。该任务测量抑制控制能力。分数范围 0—20 分。

青蛙—蝴蝶 Simon 任务：看到蝴蝶的时候，按左边的键，不管蝴蝶是在左边还是右边；看到青蛙的时候按右边的键，不管青蛙在左边还是右边。为了减少工作记忆的负荷，在按键上贴上青蛙和蝴蝶的贴画，刺激随机出现在屏幕的左边或者右边，一共有 3 个区组，每个区组 20 个试次。使用在不一致条件下的正确率测量儿童的抑制控制能力。

儿童版 flanker 任务：儿童对五只小鱼中位于中间的小鱼方向进行按键反应。为了减少工作记忆的负荷，在按键上贴上相应方向的小鱼。练习阶段 4 个试次，给予儿童反馈（反应正确，伴有声音提示"太棒了"，反应错误，伴有声音提示"再来一次吧！"），首先呈现注视点（200 毫秒），然后刺激呈现 3.5 秒，儿童按键出现反馈图片，呈现 500 毫秒。正式实验阶段没有反馈，正式阶段包括 3 个区组，每个区组包含 20 个试次。使用不一致条件下的正确率测量儿童的抑制控制能力。

（3）认知灵活性任务

汉诺塔任务：装置包含三根柱子和两个圆盘。借助猴子爸爸、妈妈和小猴子回家的故事给儿童讲述任务的规则（每次只能移动一个圆盘，圆盘必须在柱子上，大的圆盘必须在小的圆盘下面）。使用图片向儿童展示目标位置，儿童能够按照规则顺利将圆盘移动到目标位置的记 1 分，违反规则或不能成功移动的记 0 分。

将 6 种任务得分标准化之后计算执行功能的总分，作为一个整体表示儿童执行功能的水平。

2. 儿童电视使用情况测量

（1）儿童看电视的时间

家长分别记录在工作日和周末的三个时段儿童观看电视的时间，这三个时段分别是：上午（从起床到午饭前）、下午（午饭开始到晚饭前）、晚上（晚饭开始到儿童上床睡觉）。看电视的时间包括通过电视机、电脑或者其他便携设备看的视频节目的时间。

（2）儿童开始看电视的年龄

家长在孩子6个月前、6个月至1岁、2岁、3岁、4岁、5岁以后及没看过电视七个选项中选择儿童开始看电视的年龄。

（3）儿童观看的频道类型

家长从0~3级（从无~总是）评定儿童观看的6个电视频道的频率，包括：央视少儿频道、卡酷少儿频道、金鹰卡通、其他少儿频道、中央电视台（央视除少儿频道外其他频道）、其他卫视或电视台。对测量儿童电视节目频道的6个题目进行探索性因素分析，采用主成分分析斜交旋转，产生2个因素，共解释了58.24%的变异。一个因子包含央视少儿频道、卡酷少儿频道、金鹰卡通、其他少儿频道，解释了35.50%变异；第二个因子包含中央电视台（央视除少儿频道外其他频道）、其他卫视或电视台，解释了22.75%变异。两个因子反映了儿童观看少儿类电视台和非少儿类电视台。将儿童在各因子项目的得分加以平均表示儿童观看少儿类电视台和非少儿类电视台的程度。

（4）儿童观看的节目类型

家长从0~3级（从无~总是）评定儿童观看电视或者视频时所看的6种类型节目的频率，它们是：动作类卡通（如功夫熊猫、熊出没等）、经典类卡通（如迪斯尼动画、猫和老鼠等）、真人类儿童教育节目（如智慧树等）、快速剪辑类的卡通（如海绵宝宝、飞哥和小佛等）、教育类卡通（如爱冒险的朵拉、虹猫蓝兔等）以及儿童情景剧（如星际精灵蓝多多、巴拉巴拉小魔仙等）。

3. 家长对儿童看电视的指导和调节行为

家长就12项对儿童看电视（或视频）行为的陪伴和指导的行为进行4点1~4（从不如此~经常如此）评定。具体测量家长对儿童看电视行为的三种调节方式：控制策略、共同观看策略和指导策略。控制策略如"某些类型的节目不会让孩子看"，共同观看如"我跟孩子一起看电视"，指导策略如"当电视中某个人做坏事的时候，我会跟孩子讲这是不对的"。

4. 控制变量

儿童的性别、年龄以及家庭社会经济地位可能与儿童观看电视以及执行功能发展有关，因此，本研究对这些变量加以控制。儿童语言发展水平也与执行功能表现呈正相关，所以也在本研究中予以控制。采用皮博迪图片词汇测验（Peabody Picture Vocabulary Test-revised）测量儿童的语言能力。具体为给儿童呈现 4 张图片，让其选择与所听到词汇意思相同的那幅图片。全部测试共有 175 个词汇，从起点开始测量，若连续 8 张中有 6 张反应错误，测试停止，以最后一张作为顶点分，顶点的序数减去起点与顶点之间的错误数，即为测试的总分。得分越高表示儿童语言能力越好。

（三）研究程序

研究人员根据某幼儿园提供的儿童名单，随机抽取儿童 120 名。儿童施测在一个安静的房间中进行，每个儿童施测执行功能任务、语言测试。儿童完成测验奖励小贴画或文具。家长填写知情同意书及儿童媒体使用情况等信息，获得一定的礼品作为回报。

（四）数据分析计划

首先采用分层回归分析验证电视观看时间、内容以及家长调节行为对儿童执行功能发展的直接作用（假设 1 和 2）。然后使用 SPSS macro PROCESS 验证假设 3 和 4。采用 Bootstrapping 的方法考察中介效应以及条件中介效应（conditional indirect effect）的置信区间（confidence intervals，CIs），条件中介效应是调节变量取不同值的时候中介效应的大小，如果不同调节变量取值下的中介效应存在显著的差异，那么就存在显著的被调节的中介效应。Hayes 提出被调节的中介指数（index of moderated mediation）来检验是否存在被调节的中介效应。如果指数的 95% 置信区间不包含 0，那么被调节的中介效应就是显著的。方差膨胀因子用来检验回归方程是否存在严重的共线性问题。由于观看电视的时间分布比较偏态，对观看时间进行平方根的转换，这种方法被以往研究用以处理非正态的媒体使用时间。

三、研究结果

研究被试的基本情况及测量变量的描述性分析，见表 3-1-1。儿童开始看电视的年龄平均为 1.36 岁（$SD = 0.8$），其中有的儿童在 6 个月的时候就开始接触电视。从家长对儿童电视观看行为的控制、陪伴和讲解的情况来看，家长比较注重对儿童电视观看情况的控制、陪伴以及在儿童观看节目的时候进行适当的解释。

表 3-1-1 变量的描述性分析

变量	M	SD	Min	Max
儿童年龄	4.64	0.92	3.17	6.31
母亲学历	3.11	0.56	2	4
家庭收入	3.08	1.16	1	6
儿童语言能力	59.17	31.27	9	134
电视观看时间（小时）	1.22	0.93	0	6.14
开始看电视的年龄（岁）	1.36	0.80	0.5	4.0
少儿类电视台观看	1.39	0.71	0	3
非少儿类电视观看	0.51	0.46	0	2
动作类卡通	0.81	0.78	0	3
经典类卡通	1.35	0.70	0	3
真人类儿童教育节目	1.19	0.83	0	3
快速剪辑的卡通	1.25	0.82	0	3
教育类卡通	1.29	0.93	0	3
儿童情景剧	0.53	0.72	0	3
限制策略	3.23	0.65	1	4
共同观看	3.23	0.58	1	4
指导策略	3.31	0.65	1	4
倒背数字广度	1.84	0.83	1	5
空间记忆广度	3.12	1.12	1	6
男生-女生 Stroop	10.47	5.83	0	20
汉诺塔	0.36	0.53	0	2
FL-in-acc	0.72	0.26	0.25	1
SI-in-acc	0.83	0.17	0.25	1
EF	0	4.30	-9.83	9.31

注：母亲学历 1 = 初中及以下，2 = 高中，3 = 专科级本科，4 = 研究生及以上；家庭收入 1 = 低于 3000 元，2 = 3001 元~6000 元，3 = 6001 元~8000 元，4 = 8001 元~10 000 元，5 = 10 001 元~15 000 元，6 = 15 001 元~30 000 元，7 = 30 001 元以上。FL-in-acc 为在 flanker 任务中不一致试次中的正确率，SI-in-acc 为在 Simon 任务中不一致试次中的正确率。EF 是所有执行功能任务标准分的总和。

表格 3-1-2 展示了研究变量之间的相关性。儿童的执行功能与儿童年龄和语言能力高相关，与儿童频道及一些儿童节目观看呈正相关。

构建 4 个阶层回归模型检验假设 1 和 2，结果见表 3-1-3。在每一个模型中，儿童的性别、年龄、语言能力、母亲的教育水平和家庭收入作为控制变量进入第一步。儿童观看电视的时间、儿童观看电视的类型以及父母对儿童观看节目的调节行为进入模型的第二步。这些模型的方差膨胀因子从 1.03 到 2.60，低于研究所建议的临界值，表明共线性问题并不严重。在模型中，儿童的年龄、性别、语言能力、母亲的教育水平和家庭收入共解释了执行功能 67% 的变异，儿童的年龄、语言能力以及母亲的受教育水平与执行功能显著相关。在 Model 1 中，儿童观看电视的时间以及开始观看电视的年龄解释了 2% 变异，Cohen f^2 = 0.06，儿童观看电视的时间与执行功能显著正相关。在 Model 2 中，儿童观看的频道与执行功能没有显著的关系，在 Model 3 中，6 种不同类型的儿童节目解释了 7% 的变异，Cohen f^2 =0.27，经典卡通观看、教育类卡通观看与执行功能显著相关。在 Model 4 中，三种父母调节儿童电视观看的行为解释了 3% 的变异，Cohen f^2 = 0.1，父母的控制行为与儿童执行功能显著负相关。Cohen f^2 的解释标准是 f^2 小于 0.02 属于较小的效应量，0.15 属于中等效应量，0.35 属于大的效应量。电视观看时间的效应属于小到中等，电视观看内容的效应量为中等以上。

运行 SPSS macro PROCESS（Model 4）来检验研究 3 的多重中介模型假设，bootstrap 样本数为 5000。结果表明，在控制了儿童的性别、年龄、语言能力以及家庭 SES 之后，经典卡通观看（ab = 0.24，SE = 0.11，95% CI [0.08，0.53]）以及教育类真人节目（ab = 0.10，SE = 0.06，95% CI [0.01，0.29]）能够显著中介电视观看时间对儿童执行功能发展的影响。中介模型解释了执行功能 69% 的变异。

表 3-1-2 研究变量之间的相关分析

变量	1	2	3	4	5	6	7	8	9	10	11	12	13	14	15	16	17	18
1. 执行功能	—	—	—	—	—	—	—	—	—	—	—	—	—	—	—	—	—	—
2. 儿童年龄	0.79**	—	—	—	—	—	—	—	—	—	—	—	—	—	—	—	—	—
3. 儿童性别	0.04	0.10	—	—	—	—	—	—	—	—	—	—	—	—	—	—	—	—
4. 儿童语言能力	0.72**	0.76**	0.12	—	—	—	—	—	—	—	—	—	—	—	—	—	—	—
5. 母亲学历	0.03	0.11	-0.04	0.22*	—	—	—	—	—	—	—	—	—	—	—	—	—	—
6. 家庭收入	0.14	0.20*	0.07	0.12	0.30**	—	—	—	—	—	—	—	—	—	—	—	—	—
7. 开始看电视的年龄	0.17	0.20*	-0.05	0.12	0.02	-0.04	—	—	—	—	—	—	—	—	—	—	—	—
8. 电视观看时间	0.12	0.04	0.02	-0.08	-0.02	-0.01	-0.20*	—	—	—	—	—	—	—	—	—	—	—
9. 少儿类电视台观看	0.21*	0.22*	-0.06	0.11	0.02	0.01	-0.05	0.43**	—	—	—	—	—	—	—	—	—	—
10. 非少儿类电视观看	0.11	0.05	-0.12	0.08	-0.05	-0.07	0.03	0.22*	0.17	—	—	—	—	—	—	—	—	—
11. 动作类卡通	0.16	0.22*	0.24**	0.13	0.09	0.08	-0.03	0.12	0.14	-0.09	—	—	—	—	—	—	—	—
12. 经典类卡通	0.30**	0.13	-0.09	0.10	0.12	0.07	-0.12	0.33**	0.35**	0.05	0.30**	—	—	—	—	—	—	—
13. 真人类儿童教育节目	0.14	-0.01	-0.22*	-0.02	0.08	-0.07	0.03	0.17	0.28**	0.30**	0.06	0.35**	—	—	—	—	—	—
14. 快速剪辑的卡通	0.29**	0.20*	0.03	0.22*	-0.02	0.05	-0.07	0.39**	0.55**	0.18	0.23**	0.38**	0.25**	—	—	—	—	—
15. 教育类卡通	0.04	-0.04	-0.23*	-0.01	0.05	-0.02	-0.04	0.29**	0.42**	0.02	-0.05	0.40**	0.53**	0.42**	—	—	—	—
16. 儿童情景剧	0.24**	0.24**	-0.15	0.10	0.13	0.07	0.05	0.25**	0.36**	0.29**	0.14	0.10	0.43**	0.33**	0.40**	—	—	—
17. 限制策略	-0.16	-0.04	-0.01	0.01	0.16	0.09	0.13	-0.15	-0.05	0.01	-0.11	-0.13	-0.01	-0.14	0.07	0.02	—	—
18. 共同观看	-0.07	-0.13	-0.10	-0.17	-0.16	-0.19*	0.13	0.02	-0.07	<0.01	-0.05	-0.06	0.11	-0.03	0.05	0.12	0.33**	—
19. 指导策略	0.13	0.04	-0.02	0.02	-0.16	-0.03	0.09	-0.01	0.08	0.02	0.12	0.10	0.23*	0.03	0.12	0.21*	0.16	0.38**

注：$^*p<0.05$，$^{**}p<0.01$

表 3-1-3 电视变量和非媒体变量对儿童 EF 的分层回归分析

模型	变量	B	SE	β	Unique R^2	F change	Cohen f^2
Model 1	开始看电视的年龄	0.31	0.30	0.06	0.02	3.60*	0.06
	电视观看时间	0.58	0.22	0.15**	—	—	—
Model 2	少儿类电视台观看	0.27	0.34	0.05	0.004	0.708	0.01
	非少儿类电视观看	0.40	0.52	0.04	—	—	—
Model 3	动作类卡通	-0.49	0.32	-0.09	0.07	4.42***	0.27
	经典类卡通	1.44	0.39	0.23***	—	—	—
	真人类儿童教育节目	0.62	0.33	0.12	—	—	—
	快速剪辑的卡通	0.23	0.32	0.04	—	—	—
	教育类卡通	-0.61	0.32	-0.13	—	—	—
	儿童情景剧	0.42	0.38	0.07	—	—	—
Model 4	限制策略	-1.16	0.38	-0.18**	0.03	3.85*	0.1
	共同观看	0.59	0.47	0.08	—	—	—
	指导策略	0.55	0.38	0.08	—	—	—

进一步用 SPSS macro PROCESS（Model 8）检验父母的控制行为能否调节电视内容对电视观看时间的中介作用（假设 4），bootstrap 样本数为 5000（结果见表 3-1-4 以及图 3-1-3）。电视观看时间的直接作用以及条件间接作用在父母控制行为的三个水平上进行检验：平均水平以及上下一个标准差。结果表明，在控制了儿童的性别、年龄、语言能力以及家庭 SES 之后，父母控制行为能够调节电视观看的直接作用，电视观看只有在控制水平较低的情况下才对儿童的执行功能有积极的联系（$B = 0.76$，$SE = 0.33$，95% CI [0.10，1.42]）。父母的控制行为也能够调节电视观看时长通过经典卡通观看内容影响执行功能的间接作用，被调节的中介指数为 -0.17（$SE = 0.12$，95% CI [-0.47，-0.003]），指数的置信区间不包含 0 且为复数，表明电视观看时长通过经典卡通观看内容影响执行功能的间接作用随着父母观看行为的上升而下降，只有在父母控制水平中等（$ab = 0.28$，$SE = 0.16$，95% 编差校正 CI [0.05，0.67]）或者较低（$ab = 0.17$，$SE = 0.08$，95% 编差校正 CI [0.03，0.42]）时，中介作用才显著。但是父母控制行为不能调节通过真人儿童教育节目观看所产生的中介作用，被调节的中介指数为 -0.01（$SE = 0.07$，95% CI [-0.19，0.11]），指数的置信区间包含 0，表明被调节的中介作用不显著。

表 3-1-4 有调节的中介模型分析

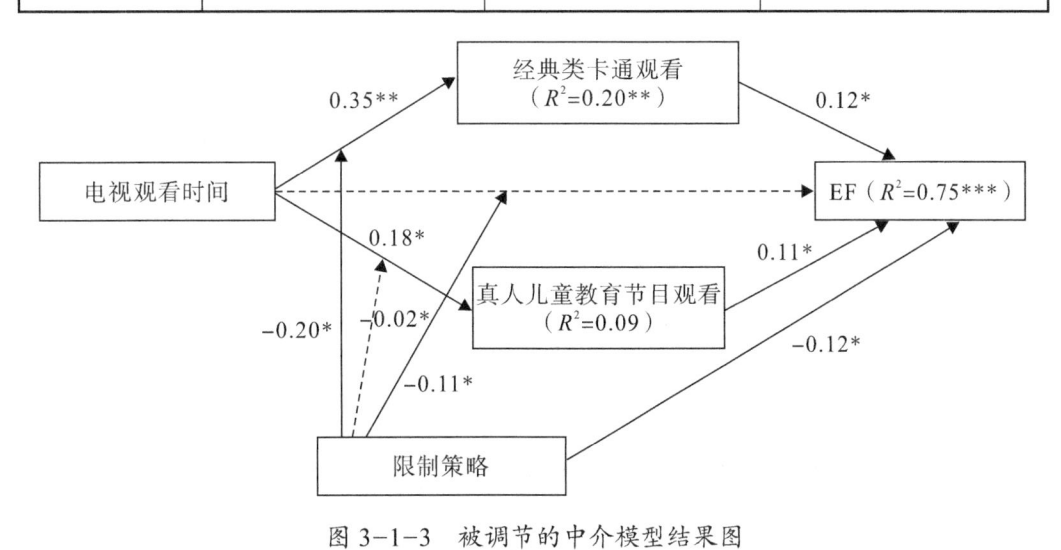

变量	中介变量:经典类卡通观看			中介变量:真人类儿童教育节目观看			因变量:EF		
—	B	SE	β	B	SE	β	B	SE	β
儿童年龄	0.02	0.11	0.02	<0.01	0.13	<0.01	2.39	0.37	0.51***
儿童性别	-0.18	0.12	-0.13	-0.35	0.15	-0.22*	-0.35	0.44	-0.04
儿童语言	<0.01	<0.01	0.08	<0.01	<0.01	0.01	0.05	0.01	0.34***
母亲学历	0.13	0.12	0.11	0.15	0.15	0.10	-0.94	0.41	-0.12*
家庭收入	0.02	0.06	0.03	-0.06	0.07	-0.09	0.14	0.20	0.04
电视观看时间	0.22	0.06	0.35***	0.14	0.07	0.18*	0.27	0.21	0.07
限制策略	-0.13	0.10	-0.12	<0.01	0.12	<0.01	-0.78	0.34	-0.12*
经典类卡通观看	—	—	—	—	—	—	0.75	0.35	0.12*
真人儿童教育节目观看	—	—	—	—	—	—	0.55	0.28	0.11*
电视观看时间 × 限制策略	-0.22	0.10	-0.20*	-0.02	0.12	-0.02	-0.75	0.35	-0.11*
R^2	—	0.20**	—	—	0.09	—	—	0.75***	—

图 3-1-3 被调节的中介模型结果图

四、讨论

本研究是为数不多的探讨电视观看对中国幼儿执行功能影响的研究。重要的是，本研究考察了与电视观看相关的多重变量：儿童开始看电视的年龄、观看的时长以及观看的内容、父母对于儿童电视观看的调节行为。我们同时通过多个任务来测量儿童的执行功能。研究的结果对于揭示电视观看是否、如何以及在何种情况下对儿童的执行功能产生影响有重要的启示意义。研究的结果同样揭示了文化的相似性以及差异性。

研究结果表明电视观看时长与执行功能正相关验证了假设1。假设2也被验证，表明儿童类节目与执行功能正相关，而针对成年人的节目与执行功能不相关。另外，中介检验表明儿童经典卡通节目以及教育类真人节目能够中介电视观看对执行功能的作用，假设3也被证实了。此外，父母控制行为也被证明能够调节电视观看时长的直接作用以及通过儿童经典卡通观看的间接作用（假设4）。因此，我们提出的研究模型（图3-1-2）被证实了。

本研究发现电视观看时长与执行功能正相关，与以往研究发现的呈负相关或者没有关系不太一致。造成不一致的原因可能有以下几点。

第一，电视观看时间与执行功能发展之间的关系可能是倒U型曲线而非是线性的关系。本研究与以往研究一个比较大的区别是，本研究样本的电视观看时长远远低于先前研究样本（$M = 1.22 \text{ h}$，$SD = 0.93$ vs. $M = 2.87 \text{ h}$，$SD = 1.99$）。其他关于中国幼儿的研究也报告了类似的观看电视的时间（每天90分钟左右）。Foster和Watkins也认为电视观看与儿童注意问题的关联可能仅表现在观看时长比较长的那部分。类似的，其他研究没有发现当观看时间比较短的时候，电视观看与注意问题之间的关系。

第二，儿童观看的内容以及儿童观看电视的背景可能比观看的时间影响更大。本研究的结果也表明，当电视观看内容进入回归方程后，观看时间的效应不显著了，表明电视内容完全中介了电视观看时间产生的效果。本研究结果表明经典卡通类和真人儿童教育类节目与执行功能正相关。这些针对儿童设计的真人儿童节目如智慧树等对儿童的执行功能发展可能产生积极的作用。

第三，本研究的结果表明研究电视观看的效果要考虑儿童观看电视的背景信息，电视观看与儿童执行功能之间的关系依赖于父母的控制行为。父母的控制行为包括对电视观看时长、观看内容的设定和监管，以及使用观看电视作为奖励或者惩罚的手段等。本研究结果表明，当父母控制行为较低时，电视观看与执行功能正相关。只有当父母控制行为处于中等水平及以下时，电视观看通过经典卡通观看产生的间接效应才显著。结合相关分析的结果发现，父母的控制行为与电视观看时间以及多数电视节目类型呈负相关，表明父母控制行为与电视观看呈负相关。

本研究一个比较有意思的发现是父母对于儿童观看电视的控制行为与儿童执行功能呈负相关。这可能是由于父母的这些控制行为与专制的教养方式有关，而专制的教养方式不利于儿童执行功能的发展，因为它剥夺了儿童自我调节的机会。另一个可能的原因是，那些执行功能发展相对落后的儿童的家长会设定更多的规则来约束他们的电视观看行为。本研究的结果提示家长和教育中意识到这些媒体使用的调节行为对于媒体效果的调节效应以及直接效应。

本研究有以下几个优势。首先，本研究采用实验室任务而非采用父母报告的方式直接测量儿童的执行功能。另外，本研究控制了可能混淆电视观看与执行功能发展的其他变量。最后，本研究以一个理论模型为指导开展研究。本研究的结果表明执行功能与电视观看时间以及观看内容存在不同程度的相关。未来研究应该采取一个更为系统的视角来考察电视观看与执行功能之间的关系从而加深我们对电视影响的理解。

本研究也有以下几个缺点。首先，研究的横断面性质使我们不能推断电视观看与执行功能之间的因果关系。电视观看一方面可能会影响儿童执行功能的发展，但是执行功能发展比较好的儿童也更可能会选择对他们有益的教育节目。未来研究需要采用纵向研究设计来考察电视观看与执行功能之间的双向关系。第二个缺点是，本研究样本的电视观看量相对较少，未来研究需要采用更有代表性的大样本考查电视观看的影响效果。

第二节　电子游戏与幼儿执行功能的关系

一、引言

电子媒体是儿童成长微系统的重要组成部分。伴随着电子媒体的发展和普及，儿童在越来越小的年龄开始使用交互式媒体。但是大部分关于电子媒体对幼儿发展的研究聚焦在电视领域，很少有研究关注新媒体比如电子游戏对幼儿认知发展的影响，而考察电子媒体对儿童影响的研究多集中在学龄儿童和青少年。婴幼儿的大脑还没有发育成熟，早期经验对人类大脑发展有至关重要的作用。与年龄较大的儿童和青少年相比，幼儿由于处于大脑发展的快速期和敏感期，其对环境的影响更为敏感，包括媒体产生的影响。因此，需要开展研究揭示新媒体对幼儿认知的影响。

关于电子游戏或者视频游戏对儿童的发展是有益还是有害一直是争论的焦点。大量的研究聚焦在暴力视频游戏对攻击性的影响，但是其他的领域比如电子游戏与注意和执行功能的关系也需要进一步探讨。本研究将关注电子游戏对幼儿执行功能发展的影响。在本研究中，电子游戏是指可以在不同电子平台上操作的游戏，如电脑、手机、平板电脑和游戏机等。

研究表明，成年游戏玩家比非玩家在多项视觉空间任务中的表现优于非玩家，他们的视觉反应速度更快，有更精确的目标定位能力和心理旋转能力。Feng 等人研究表明仅仅 10 个小时的视频游戏训练就可以提升空间注意和心理旋转。但是，至于视频游戏对其他高级认知能力比如执行功能来讲，研究结果并不一致。一方面，游戏经验可能会增强执行功能。有经验的游戏玩家比非玩家在短时视觉记忆任务的不同任务中切换得更快。Bialystok 发现在 Simon 任务中以及 Dye 等人发现在 flanker 任务中，视频游戏玩家的正确反应用时更短。另一方面，Kirsh 等人以及 Mathews 等人的研究也表明，视频游戏会削弱执行功能某些能力的表现。Kirsh 等人发现那些被分配玩暴力性视频游戏的被试比玩非暴力型视频游戏的被试在情绪 Stroop 任务中的表现更差。Bailey 等人研究表明，经常玩暴力视频游戏会削弱玩家的主动性和认知控制，这种能力涉及将信息保存在工作记忆中。造成研究结果不一致的原因可能在于，不同的研究关注不同类型或者不同内容的电子游戏。

除了视频游戏的内容，另一个需要考虑的因素是媒体使用时间。有几项研究考察了电子游戏使用时间与注意的关系。注意是执行功能很重要的基础。但是，这些研究的结果也并不一致。比如，Swing 等人 2010 年的一项纵向研究表明，玩视频游戏的时间与儿童中期和青少年的注意缺陷症状正相关。但是 Ferguson 在 2011 年的研究并没有重复其研究结果。另外 Ferguson 在 2015 年的元分析表明，几乎没有证据表明视频游戏时间与青少年儿童注意问题有关。这些研究表明电子游戏与执行功能之间的关系还需进一步的研究。

年龄也是一个研究媒体效果要考虑的重要因素。研究者（比如 Christakis 以及 Valkenburg 和 Peter）认为年龄小的儿童比年龄大的儿童和成人对媒体的影响更敏感。但是 Sherry 在 2001 年和 Ferguson 在 2007 年的元分析结果都发现，视频游戏产生的效果在大学生样本中比儿童样本中更大。这些研究结果可能是由于大学生样本的研究被更多地纳入元分析的研究中，并且这些元分析没有包含年龄非常小的研究样本。因此，在成年人样本中得到的研究结果并不能推广到学前幼儿群体中，因为他们使用媒体的时间和内容存在显著的差异。因此，本研究也将考察年龄对于电子游戏影响效果的调节作用。

总之，本研究的目的是探讨电子游戏对中国幼儿执行功能的影响。我们区分了游戏的使用时间和使用内容。在考察电子游戏的影响效果时，需要控制混淆变量，比如儿童年龄、性别以及家庭社会经济地位，这些变量不仅与儿童的执行功能相关，也与儿童媒体使用情况有关。基于以上讨论，本研究将探讨三个问题：使用电子游戏的时间与执行功能有关吗？不同内容（教育内容 vs. 动作内容）的电子游戏对执行功能有不同的影响吗？儿童的年龄能够调节电子媒体对儿童的影响吗？

二、研究方法

（一）被试

同第三章第一节。

（二）测量工具

1. 游戏使用情况的测量

通过父母报告测量儿童接触电子游戏（使用时间和内容）的情况。

（1）接触时间

家长分别报告儿童每周通过手机/平板电脑、游戏机和电脑进行游戏的频率，从"从不"（编码为0）、"很少"（编码为2）、"一周几次"（编码为4）、"每天一次"（编码为7）、以及"每天多次"（编码为14）中进行选择。父母接下来估计儿童每次玩电子游戏的时间，从"小于1小时"（编码为0.5h）、"1小时~2小时"（编码为1.5h）、"大于2小时"（编码为3h），以及"没有这项活动"（编码为0）中选择。在每一种平台上的使用时间为使用频率乘以时间，总的使用时间为对不同平台的时间进行加总并除以7获得儿童每天玩电子游戏的时间。

（2）游戏的内容

家长对儿童经常玩的游戏的内容进行1~4点（从不~经常）评定。内容包括攻击行为（如呈现战斗、拳打、血腥等场面）、危险行为（如呈现吸烟、喝酒、危险驾驶等）、反社会行为（如攻击性语言，辱骂、尖叫等）、不切实际的愿望（例如赢钱、发财和获得超能力等）和亲社会行为（如帮助、分享和安慰等）。将前四项的得分加总之后平均，获得儿童接触游戏的内容中危险行为的得分。最后一个题目表示儿童接触的亲社会内容的游戏。

2. 儿童执行功能的测量

同第三章第一节。

三、结果

（一）描述性分析

描述性结果见表 3-2-1。结果表明学前儿童平均每天花费 18 分钟玩电子游戏。由于游戏时长的非正态分布（偏度 = 2.37，峰度 = 5.80），对时间进行平方根转换进行后续的统计分析。

表 3-2-1　变量的描述性分析

变量	M	SD	Min	Max
儿童年龄	4.64	0.92	3.17	6.31
母亲学历	3.11	0.56	2	4
家庭收入	3.08	1.16	1	6
倒背数字广度	1.84	0.83	1	5
空间记忆广度	3.12	1.12	1	6
男生 - 女生 Stroop	10.55	5.76	0	20
汉诺塔	0.36	0.53	0	2
FL-in-acc	0.72	0.26	0.20	1.00
SI-in-acc	0.83	0.17	0.25	1.00
电子游戏时间	0.30	0.41	0	2.14
电子游戏的亲社会内容	2.34	1.22	1	4
电子游戏的动作类内容	1.24	0.42	1	3.25

注：$N = 119$。母亲学历 1= 初中及以下，2 = 高中，3 = 专科及本科，4 = 研究生及以上；家庭收入 1= 低于 3000 元，2 =3001 元~6000 元，3 = 6001 元~8000 元，4 = 8001 元~10 000 元，5=10 001 元~15 000 元，6 =15 001 元~30 000 元，7 = 30 001 元以上。FL-in-acc 为儿童在 flanker 任务中不一致试次中的正确率，SI-in-acc 为儿童在 Simon 任务中不一致试次中的正确率。

(二) 相关分析

表 3-2-2 展示了相关分析的结果。儿童的执行功能与电子游戏使用时间正相关。

表 3-2-2 研究变量之间的相关分析

变量	1	2	3	4	5	6	7
1. 执行功能	—						
2. 儿童年龄	0.79***	—					
3. 儿童性别	0.05	0.09	—				
4. 母亲学历	0.03	0.13	-0.04	—			
5. 家庭收入	0.13	0.18*	0.07	0.30***	—		
6. 电子游戏时间	0.26**	0.09	0.07	-0.17	0.04	—	
7. 电子游戏的亲社会内容	-0.05	-0.08	-0.07	-0.17	-0.04	0.41***	—
8. 电子游戏的动作类内容	0.01	0.13	0.40***	-0.04	0.18*	0.28**	0.18

注：$N = 119$。*$p < 0.05$，**$p < 0.01$，***$p < 0.001$。电子游戏时间进行了平方根转换。

(三) 分层回归分析

分别以电子游戏使用的时间和游戏内容为自变量，儿童执行功能为因变量考察电子游戏使用与儿童执行功能的关系，结果见表 3-2-3 和表 3-2-4。在模型的第一步进入控制变量（儿童的性别、年龄、家庭社会经济地位），第二步进入游戏使用变量（使用时间或内容），第三步将儿童的年龄与游戏变量的交互项进入方程。方程的方差膨胀因子（VIF）从 1.02 到 1.34，低于研究推荐的临界值（VIF < 3）（Hair et al., 1995），表明这些模型不存在严重的共线性问题。

关于电子游戏使用时间的分析结果表明，非游戏变量解释了执行功能 63% 的变异，儿童年龄与执行功能呈显著正相关。电子游戏的使用时间解释了执行功能 3% 的变异。电子游戏与年龄的交互作用不显著。关于游戏内容的分析表明，亲社会内容和动作内容都与执行功能没有显著的关系，它们与年龄的交互作用也不显著。根据 Ferguson 在 2009 年对于回归方程 R^2 效应量的解释，社会科学研究产生实际显著的效应量最小为 0.04，所以本研究发现的电子游戏使用时间对执行功能的效应量相对比较小。

最后，为了进一步考察电子游戏使用是否会更显著地与执行功能的某一成分更有关联，我们单独对 6 种执行功能的测量任务运行了 12 个回归方程。控制变量、电子游戏变量（使用内容或者时间）以及它们与年龄的交互项被同时列入方程。结果表明，游戏使用时间与工作记忆广度任务（$\beta=0.14$，$p=0.04$）、汉诺塔任务（$\beta=0.24$，$p=0.003$）以及 Simon 任务非一致条件下的正确率（$\beta=0.18$，$p=0.03$）正相关。动作游戏内容与 flanker 任务非一致条件下的正确率负相关（$\beta=-0.20$，$p=0.01$）。另外，亲社会游戏内容与 flanker 任务非一致条件下的正确率正相关（$\beta=0.16$，$p=0.02$），但是当动作游戏内容不进入回归方程时，这一系数不显著了（$\beta=0.03$，$p=0.69$）。

表 3-2-3　游戏时间变量和非媒体变量对儿童执行功能的分层回归分析

变量	Model 1			Model 2			Model 3		
	B	SE	β	B	SE	β	B	SE	β
儿童年龄	3.46	0.25	0.80***	3.38	0.24	0.79***	3.38	0.24	0.78***
儿童性别	-0.27	0.49	-0.03	-0.35	0.47	-0.04	-0.33	0.47	-0.04
母亲学历	-0.61	0.46	-0.08	-0.32	0.45	-0.04	-0.29	0.45	-0.04
家庭收入	0.04	0.22	0.01	-0.01	0.22	0.003	-0.03	0.22	-0.01
电子游戏时间	—	—	—	0.81	0.24	0.19***	0.82	0.24	0.19***
儿童年龄 × 电子游戏时间	—	—	—	—	—	—	-0.14	0.25	-0.03
Unique R^2	—	—	0.63***	—	—	0.03***	—	—	0.001
F change	—	—	49.29	—	—	11.35	—	—	0.31

注：$N=119$。*** $p<0.001$，电子游戏时间进行了平方根转；转换后的电子游戏时间和儿童的年龄使用的是标准化分数。

表 3-2-4　游戏内容变量和非媒体变量对儿童执行功能的分层回归分析

变量	Model 1			Model 2			Model 3		
	B	SE	β	B	SE	β	B	SE	β
儿童年龄	3.46	0.25	0.80***	3.50	0.25	0.81***	3.48	0.25	0.81***
儿童性别	-0.27	0.49	-0.03	0.10	0.54	0.01	0.02	0.54	0.002
母亲学历	-0.61	0.46	-0.08	-0.65	0.46	-0.09	-0.63	0.46	-0.08
家庭收入	0.04	0.22	0.01	0.11	0.23	0.03	0.12	0.23	0.03
电子游戏的亲社会内容	—	—	—	0.09	0.26	0.02	0.11	0.26	0.03
电子游戏的动作类内容	—	—	—	-0.46	0.28	-0.11	-0.52	0.28	-0.12

续表

变量	Model 1			Model 2			Model 3		
	B	SE	β	B	SE	β	B	SE	β
儿童年龄 × 电子游戏亲社会内容	—	—	—	—	—	—	-0.33	0.25	-0.08
儿童年龄 × 电子游戏动作类内容	—	—	—	—	—	—	0.24	0.25	0.06
Unique R^2	—	—	0.63***	—	—	0.01	—	—	0.01
F change	—	—	49.29	—	—	1.36	—	—	1.18

注：$N = 119$。*** $p<0.001$，儿童的年龄、电子游戏的亲社会内容及电子游戏的动作类内容使用的是标准化分数。

四、讨论

本研究是为数不多的考察电子游戏使用对学前幼儿执行功能关系的研究。最重要的是，本研究综合考察了多种媒体使用的指标：使用时间和使用内容。本研究发现，电子游戏的使用时间与执行功能的总分以及三个测量任务正相关，亲会社游戏内容和动作游戏内容与执行功能总分不相关，动作游戏内容与抑制控制的一个测量任务表现负相关。

本研究发现的电子游戏使用时间与执行功能正相关的结果与以往一些研究表明视频游戏促进认知发展的结果一致，但是与一些发现视频游戏消极作用的研究结果相反。研究结果之间有差异可能是由于不同的研究采用了不同的测量任务或者方式。大部分发现电子游戏消极效果的研究多采用父母或者教师报告的方式测量儿童的执行功能或者注意问题，使用几个问题测量在需要认知努力的日常环境中的儿童注意持续性、目标导向行为的情况。而发现视频游戏积极效果的研究大多采用实验室任务的方法，这种方式脱离日常环境，且要求被试快速而准确地对视觉刺激进行反应或者在不同的任务之间进行切换。因此，电子游戏很可能对两种不同测量方式所测量的能力有不同的影响。

对执行功能不同任务的分析表明，电子游戏使用时间主要与儿童在工作记忆、抑制控制和计划能力上呈正相关。儿童可以在使用交互式游戏或者电脑游戏中获得多种认知技能。电子游戏在新异环境中要求认知灵活性、及时的决策以及目标导向的行为。除此之外，游戏还提供了及时的强化，记录玩家行为的变化并提供反馈。在学习领域，反馈和强化能够促进学习者付出更多的努力、更集中在目标任务中去完成预定目标。

本研究的结果表明动作类游戏内容与执行功能的总分不相关，只与测量抑制控制的一个任务的表现负相关。已有研究表明关于动作类游戏内容与注意问题之间的关系并不一致，Ferguson 在 2011 年的研究也没有发现动作类游戏内容与儿童注意问题以及学业表现之间的关系。关于动作类游戏内容研究结果的不一致反映在以下三个方面。首先，动作性的内容通常包含了较多的攻击或暴力内容。Kronenberger 在 2005 年的研究发现媒体中（电视和游戏）的暴力内容与测量抑制控制能力的任务表现负相关。Hummer 等人在 2014 年对成年人的研究也表明观看暴力电视内容与个体在抑制控制和干扰控制任务中表现更差相关，而与工作记忆任务不相关。Hummer 等人在 2010 年对青少年的功能性磁共振研究发现，短时间地操作暴力内容的视频游戏相较于中性游戏与随后前额叶皮层涉及抑制控制活动区域水平较低的活动相关。但是这些磁共振的研究也因为是被反媒体使用的组织资助而使其研究结果的真实性受到争议。另一方面，最近的磁共振研究没有发现暴力视频游戏与情绪去敏感性相关（比如 Regenbogen 等人 2010 年的研究，Szycik 等人 2017 年的研究）。另一个关于动作内容可能与抑制控制负相关的原因可能在于这些游戏中包含快速剪辑的内容。Kostyrka-Allchorne 在 2017 年的研究和 Nikkelen 等人 2014 年提出的观点表明，快速剪辑的游戏内容可能对执行功能的某些能力有削弱作用，但是也有其他的研究（比如 Ferguson 在 2015 年的元分析）没有发现这些作用。第三，动作游戏的消极作用可能来源于其中的虚构内容。Lillard 等人 2015 年的实验研究发现，观看 10—20 分钟含有虚构内容的电视节目，因为包含有违反个体朴素物理学知识的场景，而难以加工并产生较多的朝向反应，引起更多的自下而上的加工并需要更多的认知资源的加工。

另外，本研究没有发现年龄的调节作用。可能有以下几个原因。首先，尽管幼儿对环境的影响，包括对媒体使用的影响更敏感，但是他们花费在电子游戏上的时间可能远远地低于成年人和年龄较大的儿童。其次，也可能是由于本研究群体的年龄范围不够广，未来研究可以探讨更广的年龄范围的作用，如从幼儿到成人。

本研究关于电子游戏与执行功能发展之间的关系提示家长和教育者充分利用电子游戏的优点并且要注意适度使用。适度地使用电子游戏可以给儿童的发展和学习带来积极的作用，但是游戏时间和执行功能之间的正向关联并不能消除有一些孩子可能会倾向于过度使用电子游戏。媒体使用与个体发展之间的关系更可能是曲线的，中到低水平的使用可能会促进行为的积极表现，但是过度使用可能会挤占对儿童发展有利的其他活动的时间。

本研究的优势在于使用多种实验室任务测量儿童的执行功能，综合考查了电子游戏的使用时间和内容对儿童执行功能的影响。本研究的缺点在于，首先，横断面研究无法确定因果关系。其次，使用家长报告儿童媒体使用情况的方法可能会导致媒体使用估计得不准确。第三，本研究没有考察媒体使用的背景性因素。

总之，本研究的结果表明电子游戏的使用时间和使用内容对幼儿执行功能具有不一样的影响效果。游戏时间与儿童执行功能正相关，而动作类的游戏内容与执行功能的某些能力呈负相关。鉴于越来越多的低龄儿童开始接触交互式电子媒体，以及制订儿童使用媒体的干预方案的迫切性，未来我们需要更多的研究探讨交互式媒体对儿童发展的影响及效果。

第三节 电视观看及电子游戏与小学儿童执行功能：家长教养方式的调节作用

以往的研究表明（比如 Linebarger 和 Deborah 在 2015 年的研究），电子媒体对儿童的影响效果可能会随着儿童年龄的增长而变小，并且媒体对儿童的影响存在明显的年龄效应。Cliff 等人在 2018 年的纵向研究发现，2 岁儿童的媒体接触程度与 4 岁时的自我调节能力负相关，但是 4 岁时的媒体接触程度与 6 岁时的自我调节水平不相关。因此，本研究在以往研究的基础上，考察电子媒体的使用时间和使用内容与小学儿童执行功能发展的关系，并考察家庭教养方式对媒体影响效果的调节作用。研究假设电视观看时长能够通过不同内容的电视节目与儿童执行功能相联系，且教养方式能够调节这些中介作用。

一、方法

（一）被试

西安市某小学一年级的 173 名小学生（其中女生 89 名）及其父母参加了本研究。173 名儿童中有 99 名是独生子女。儿童父亲的受教育程度：15 人具有硕士研究生学历，122 人的受到本科或大专教育，23 人的受到高中教育，其他人具有初中或以下教育程度。儿童母亲的受教育程度：8 人具有硕士研究生学历，119 人受到本科或大专教育，33 人的受到高中教育，其他人具有初中或以下教育程度。家庭月收入方面：高于 2 万元的家庭有 36 个，58 个家庭的月收入在 1 万元到 2 万元之间，51 个家庭月收入在 7001 元到 1 万元之间，23 个家庭月收入在 3000 元到 7000 元之间。

（二）研究程序

研究前获得了家长及学校负责人的知情同意。儿童认知任务的测量在学校安静的教室中进行。经过培训的主试对儿童进行一对一的测量。测量执行功能抑制控制能力的 flanker 任务、go no-go 任务和威斯康星卡片分类任务通过 13 英寸（0.3302 米）联想笔记本呈现。测试任务按照 flanker 任务、go no-go 任务、倒背数字广度任务和威斯康星卡片分类任务的顺序进行，每名儿童的测试时间约需要 1 个小时。实验结束后儿童将获得相应的文具套装作为奖励。由班主任统一发放问卷，家长填写关于儿童基本情况以及媒体使用和教养方式的问卷。

（三）研究工具

1. 儿童电视观看

家长首先报告在普通的工作日以及周末儿童每天观看电视的时长。电视的观看包括从电视机、电脑、手机、平板电脑等不同平台观看的电视节目、视频等形式的节目。使用以下方式计算儿童平均每天观看电视的时长：（工作观看时间 ×5+ 周末观看时间 ×2）/7。

另外，家长分别报告儿童最喜欢观看的 3 个电视节目或者视频，并分别就这三个节目回答 3 个问题。首先在 1~5 点量表上（从小于半个小时到 3 个小时以上）回答儿童每天观看这个节目的时长，然后在 1~7 量表（从完全没有到极其多）回答这个节目包含的教育方面的内容（如关爱、帮助、分享、合作等）和危险性或攻击性的内容（比如战斗、打架、骂人、赌博、危险驾驶等）的程度。通过将每个节目的观看时长乘以教育内容程度的乘积相加获得儿童观看电视节目的教育内容指数，通过将每个节目的观看时长乘以攻击内容程度的乘积相加获得儿童观看电视节目的攻击内容指数。

2. 电子游戏使用情况

家长首先报告在普通的工作日以及周末儿童每天玩视频游戏或电子游戏的时长，视频游戏或电子游戏包括从手机、电脑或平板电脑玩的游戏。使用以下方式计算儿童平均每天玩游戏的时长:(工作使用时间×5+周末使用时间×2)/7。

另外,家长分别报告儿童最喜欢观看的3个游戏,并分别就这三个游戏回答了3个问题。首先在1~5点量表上(从小于半个小时到3个小时以上)回答儿童每天玩这个游戏的时长,然后在1~7量表(从完全没有到极其多)回答这个游戏包含的教育方面的内容(如关爱、帮助、分享、合作等)和危险性或攻击性的内容(比如战斗、打架、骂人、赌博、危险驾驶等)的程度。通过将每个游戏的使用时长乘以教育内容程度的乘积相加获得儿童使用电子游戏的教育内容指数,通过将每个游戏的观看时长乘以攻击内容程度的乘积相加获得儿童使用游戏的攻击内容指数。

3. 儿童执行功能的测量

工作记忆:儿童的工作记忆能力采用倒背数字广度任务测量。任务需要儿童将主试说出的不同长度的数字串按照倒序说出来。任务包含2个试次的练习,练习阶段给予被试反馈。正式测试包含从2到9个长度的数字串,每一个数字长度包含3个试次,儿童在每一个长度上回答错误2个试次以上,则停止测试。任务的成绩为儿童能够通过的最长的数字长度。

抑制控制能力:采用儿童版flanker任务和go no-go任务测量抑制控制的不同方面。儿童版flanker任务的流程见图3-3-1。儿童需要对5条小鱼的中间一条的方向做按键反应。中间的小鱼与两侧小鱼的方向是否一致形成了一致条件和不一致条件。实验包含12个练习试次和108个正式试次,一致试次和不一致试次各占50%。正式实验阶段分为两个区组,两个区组之间休息30秒。flanker任务不一致试次的正确率(ACC)作为干扰抑制的指标。

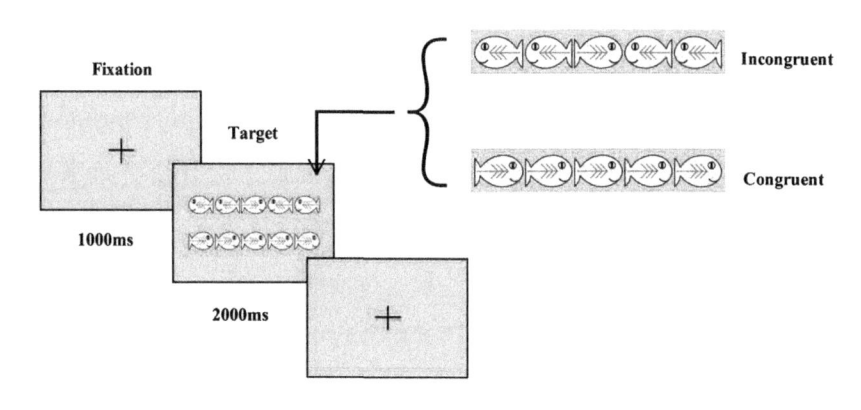

图3-3-1 儿童版flanker任务的实验流程图

go no-go 任务的流程见图 3-3-2。该任务要求被试对屏幕中央出现的圆形（go）作出按键反应，对屏幕中出现的方形（no-go）不做反应。任务包含 20 个练习试次和 160 个正式试次。正式试次包含两个区组，其中 go 试次占 80%，no-go 试次占 20%。两个区组间被试休息 30 秒。no-go 试次的正确率作为个体反应抑制的指标。

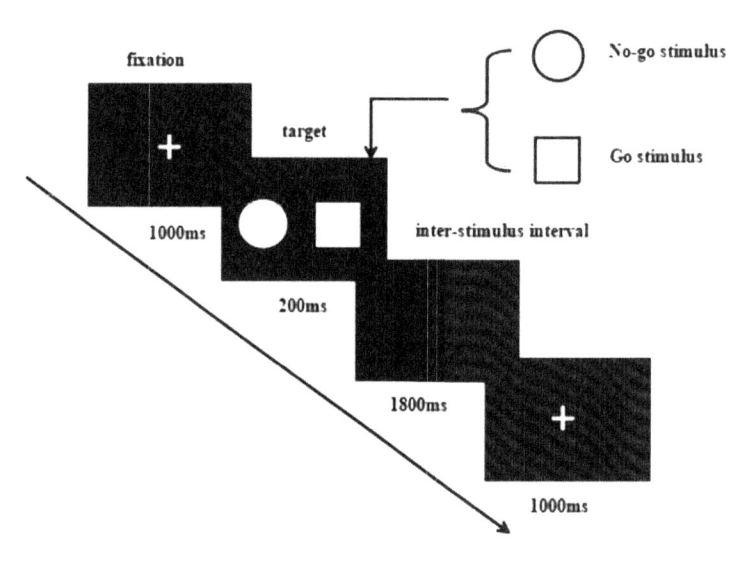

图 3-3-2 go no-go 任务实验流程图

采用威斯康星卡片分类任务测量儿童执行功能的综合能力。威斯康星卡片分类任务的测验材料是一些可以基于不同维度进行分类的卡片（形状、颜色、数量）。测验中，先向被试呈现四张刺激卡片，接着向被试呈现与刺激卡片在某种维度上可以匹配的反应卡片（如图 3-3-3）。每选一张卡片，研究者都给予被试相应的反馈。被试需要依据反馈发现规则并用该规则进行选择。被试连续选择正确一定数量之后，分类的维度会改变，这时被试需要找出新的分类规则。威斯康星卡片分类任务可以测量被试对刺激卡片和目标卡片的相似性抽取能力。当分类的维度改变后，被试抑制先前规则以发现新规则的能力，以及将不同的分类规则保持在工作记忆中的能力。另外任务还需要被试一定的假设检验能力。任务包含 128 张反应卡，每个分类规则完成 10 张正确卡片，完成正确分类 6 次或用完 128 张反应卡结束。本研究选取的指标包括：正确应答数、完成分类数、错误应答数、完成第一个分类所需应答数、持续性应答数、持续性错误数。其指标中的完成分类数主要与认知灵活性有关；错误应答数主要与抽象概括能力及执行功能等有关；持续性错误数主要与持续性操作有关；持续性应答数与任务管理能力有关。其中持续性错误数和持续性应答数是区分脑损害是否涉及额叶的灵敏指标。

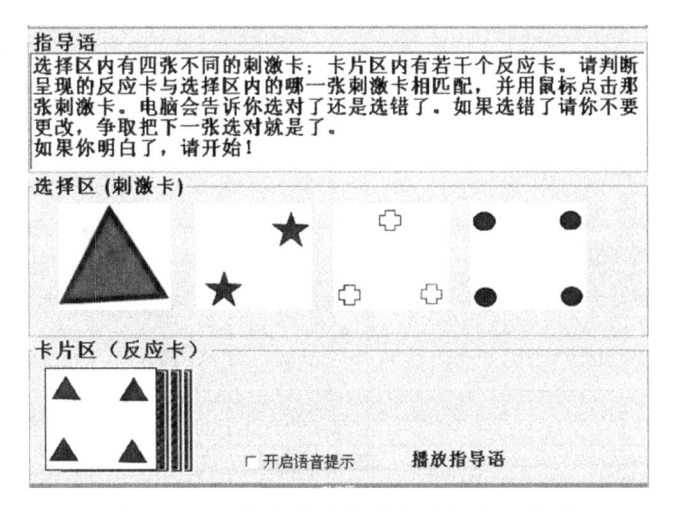

图 3-3-3 威斯康星卡片分类任务示意图

4. 父母教养方式

采用赵晓等修订的 Alabama 教养问卷中文版测查父母在过去一个月内的教养行为。量表共 28 个题目，包含父母参与（9项）、积极教养（6项）、不良监督（10项）和体罚（3项）四个分量表。采用 1 到 5（"从不"~"总是"）5 点计分，分数越高，表示该行为出现的频率越高。该量表在本研究中四个分量表的内部一致性系数为 0.78~0.84。

二、研究结果

（一）描述性分析

各变量的描述性分析见表 3-3-1，变量间的相关分析见表 3-3-2。

表 3-3-1 研究变量的描述性分析

变量	M	SD	Min	Max	N
no-go 正确率	0.56	0.20	0.09	0.94	173
go 正确率	0.95	0.06	0.64	1.00	173
F 一致 acc	0.96	0.06	0.48	1.00	173
F 不一致 acc	0.93	0.09	0.37	1.00	173
正确应答数	74.15	15.10	11	103	162
错误应答数	45.17	20.10	8	117	162
持续性应答数	23.14	16.53	0	116	162

续表

变量	M	SD	Min	Max	N
持续性错误数	3.74	6.60	0	81	162
完成分类数	4.64	1.46	0	6	162
完成第一个分类所需应答数	20.41	15.04	0	113	162
倒背数字广度	3.45	0.88	2.00	6.00	152
每周看电视时长（小时）	8.15	5.50	1.00	33.00	167
电视教育内容	7.00	7.08	0	48.50	162
电视不良内容	4.44	4.39	0	23.50	162
每周玩电子游戏时长（小时）	2.70	3.37	0	17.00	152
电子游戏教育内容	2.75	3.50	0	18.00	104
电子游戏危险内容	2.02	2.51	0	15.00	105
父母参与	3.68	0.42	2.78	5.00	173
积极教养	3.98	0.44	2.33	5.00	173
不良监督	1.60	0.43	1.00	3.00	173
体罚	1.66	0.50	1.00	3.33	173

表 3-3-2 研究变量之间的相关分析

变量	每周电视时长	电视教育内容	电视不良内容	每周游戏时长	游戏教育内容	游戏危险内容	父母参与	积极教养	不良监督	体罚
Nogo-acc	-0.04	-0.01	-0.13	-0.14	-0.08	-0.19*	0.07	0.03	-0.20**	-0.14
F-con-acc	-0.17*	0.04	-0.08	-0.06	0.05	-0.07	0.15	0.02	-0.03	-0.10
F-incon-acc	-0.07	0.06	-0.07	-0.03	0.03	-0.06	0.13	-0.04	-0.11	-0.11
数字广度	-0.03	0.11	0.04	0.05	0.11	0.02	-0.01	-0.05	-0.08	-0.04
正确应答数	0.17*	0.06	0.08	0.12	-0.08	-0.03	-0.11	-0.16*	0.22**	-0.01
错误应答数	-0.13	<0.01	0.04	-0.16	0.05	0.08	0.09	0.19*	-0.10	-0.01
持续性应答数	-0.14	-0.05	-0.01	-0.18*	-0.05	-0.03	0.03	0.14	-0.06	0.00
持续性错误数	-0.08	-0.07	-0.01	-0.08	-0.07	-0.04	-0.03	0.00	0.05	0.02
完成分类数	0.11	-0.01	-0.01	0.10	-0.06	-0.10	-0.11	-0.14	0.06	0.03

续表

变量	每周电视时长	电视教育内容	电视不良内容	每周游戏时长	游戏教育内容	游戏危险内容	父母参与	积极教养	不良监督	体罚
完成第一个分类应答数	-0.16*	-0.06	-0.08	-0.13	-0.13	-0.15	0.06	0.00	-0.05	-0.18*
每周电视时长	—	0.25**	0.21**	0.44**	0.05	-0.04	-0.16*	-0.15	0.07	<0.01
电视教育内容	—	—	—	0.24**	0.43**	0.30**	0.18*	0.11	0.10	-0.09
电视不良内容	—	—	—	0.27**	0.37**	.41**	-0.04	0.06	0.24**	0.12
每周电子游戏时长	—	—	—	—	0.33**	0.34**	-0.12	-0.03	0.20*	0.11
电子游戏教育内容	—	—	—	—	—	0.84**	0.13	0.14	0.04	-0.02
电子游戏危险内容	—	—	—	—	—	—	0.04	0.19	0.10	0.06
父母参与	—	—	—	—	—	—	—	0.63**	-0.25**	-0.29**
积极教养	—	—	—	—	—	—	—	—	-0.30**	-0.11
不良监督	—	—	—	—	—	—	—	—	—	0.25**

（二）中介作用分析

首先检验电视观看时长以及电子游戏时长对儿童执行功能不同成分的直接作用，结果表明电视观看的时长仅对威斯康星卡片分类任务中完成第一个分类所需反应数有显著的负向关联（$\beta= -0.17$，$R^2=0.03$，$p < 0.05$），与威斯康星其他指标以及抑制控制和工作记忆都没有显著的直接作用。

基于以往研究者的建议，在直接作用不显著的情况下，也可能会存在中介效应，继续进行中介效应检验。使用 SPSS MARCRO PROCESS（MODEL 4）分别检验电视观看时长通过不同内容的电视节目对执行功能的中介作用。使用 Bootstrap 的方法检验间接效应的显著性，Bootstrap 样本数为 1000。在对电视观看的中介作用分析中，观看时长通过教育内容的节目对反应抑制的中介效应 $ab=0.01$（$SE=0.008$，95%CI [-0.002，0.034]），观看时长通过不良内容对反应抑制的中介效应 $ab=-0.01$（$SE=0.008$，95%CI [-0.035，-.001]），后者的 95% 置信区间不包含 0，表明观看时长通过不良内容对反应抑制有负向关联。观看时长通过教育内容的节目对干扰抑制的中介效应 ab=0.007（SE=0.004，95% CI [0.001，0.017]），观看时长通过不良内容对干扰抑制的中介效应 ab=-0.005（SE=0.003，95%CI [-0.016，-0.007]），95% 置信区间都不包含 0，表明观看时长通过教育内容与干扰抑制有正向关联，但是通过不良内容对干扰抑制有负向关联。观看时长通过教育内容的节目对工作记忆的中介效应 ab=0.04（SE=0.04，95%CI [-0.017，0.16]），观看时长通过不良内容对工作记忆的中介效应 ab=-0.01（SE=0.03，95%CI [-0.07，0.04]），95% 置信区间都包含 0，中介效应都不显著。对威斯康星卡片分类任务 6 个指标的分析结果表明，电视观看的时长仅对完成第一个分类所需个数有显著的负向关联（β= -0.17，R^2=0.03，$p < 0.05$）。电视观看的时长以及不同内容与其他指标之间的直接作用及中介作用都不显著。电视观看时长通过电视内容对不同执行功能成分中介作用路径结果见图 3-3-4。

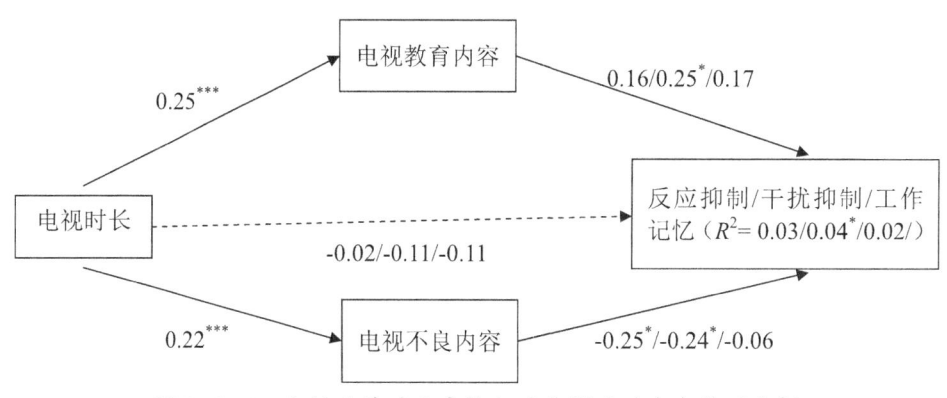

图 3-3-4 电视观看对儿童执行功能影响的中介作用分析

注：图中为标准化回归系数。电视时长为时长原始分数的平方根。

接着检验电子游戏时长对儿童执行功能不同成分的直接作用，结果表明电子游戏时长对威斯康星指标以及抑制控制和工作记忆都没有显著的直接作用。

基于以往研究者的建议，在直接作用不显著的情况下，也可能会存在中介效应，继续进行中介效应检验。使用 SPSS MARCRO PROCESS（MODEL 4）检验电子游戏时长通过不同游戏内容对执行功能的中介作用。使用 Bootstrap 的方法检验间接效应的显著性，Bootstrap 样本数为 1000。电子游戏对不同执行功能成分的中介作用分析结果表明：电子游戏时间通过游戏危险内容对反应抑制的中介效应 ab=-0.03（SE=0.01，95% CI [-0.07，-0.004]），电子游戏时间通过游戏教育内容对反应抑制的中介效应 ab=0.02（SE=0.01，95% CI [-0.0004，0.04]），前者 95% 置信区间不包含 0，表明电子游戏时长通过不良内容对反应抑制有负向关联。电子游戏时间通过游戏危险内容对干扰抑制的中介效应 $ab=-0.01$（$SE=0.01$，95% CI [-0.02，-0.002]），电子游戏时间通过游戏教育内容对干扰抑制的中介效应 $ab=0.007$（$SE=0.01$，95% CI [0.001，0.018]），95% 置信区间都不包含0，表明电子游戏时长通过教育内容与干扰抑制有正向关联，但是通过不良内容对干扰抑制有负向关联。电子游戏时间通过游戏危险内容对工作记忆的中介效应 $ab=-0.06$（$SE=0.08$，95% CI [-0.26，0.04]），电子游戏时间通过教育内容对工作记忆的中介效应 $ab=0.07$（$SE=0.07$，95% CI [-0.05，0.25]），95% 置信区间都包含0，中介效应不显著。对威斯康星卡片分类任务6个指标的分析结果表明，电子游戏使用的时长仅对错误应答数有显著的负向关联（$\beta=-0.20$，$R^2=0.04$，$p<0.05$）。电子游戏使用的时长以及不同内容与其他指标之间的直接作用及中介作用都不显著。电子游戏时长通过游戏内容对不同执行功能成分中介作用路径结果见图3-3-5。

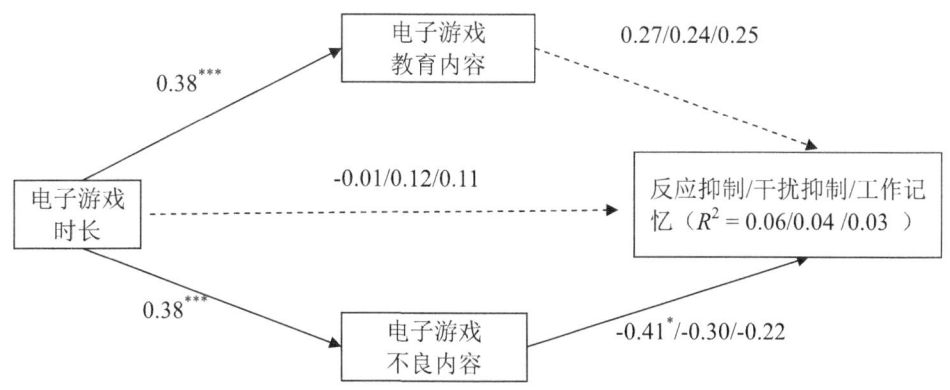

图3-3-5　游戏使用对儿童执行功能影响的中介作用分析

注：图中为标准化回归系数。电子游戏时长为时长原始分数的平方根。

（三）教养方式的调节作用分析

使用SPSS MARCRO PROCESS（MODEL 7）分别分析不同类型的教养方式对电视时长通过不同内容的节目影响儿童执行功能的中介作用。结果表明，父母参与会调节电视时长通过不良内容对干扰抑制的影响（如图3-3-6所示）。分别以父母参与的平均数±SD水平时，进行条件间接效应的检验，结果表明当父母参与水平为中等（$ab=-0.0007$，$SE=0.001$，95%CI [-0.002，-0.0001]）或者较低（$ab=-0.002$，$SE=0.001$，95%CI [-0.004，-0.0002]）时，电视观看时长通过不良内容对干扰抑制有消极的作用；当父母参与水平较高时，观看时长通过不良内容对干扰抑制的消极作用不显著（$ab=0.0002$，$SE=0.001$，95%CI [-0.001，0.001]）。

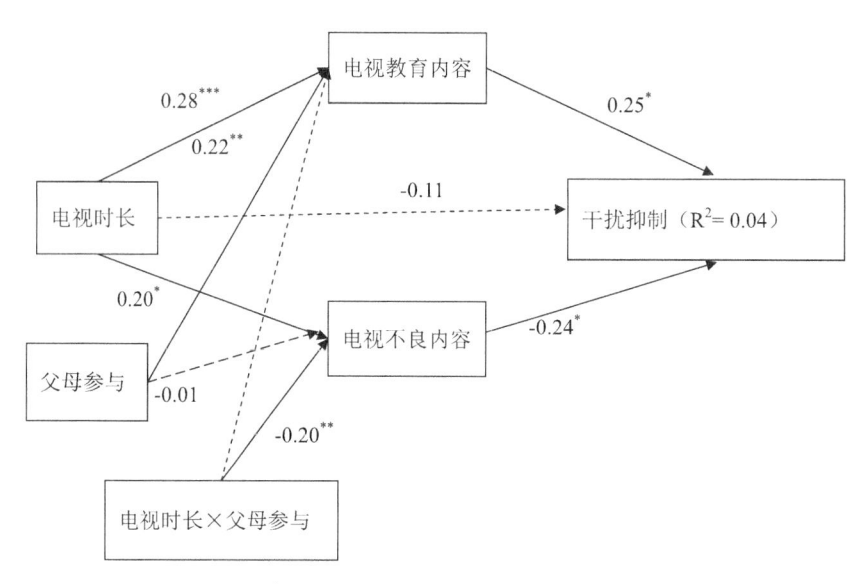

图 3-3-6 父母参与调节电视观看时长对干扰抑制的中介作用

体罚能够调节电视时长通过不良内容对反应抑制的干扰（如图 3-3-7 所示）。分别以体罚的平均数 ±SD 水平时，进行条件间接效应的检验。结果表明当体罚水平处于中等（$ab = -0.014$，$SE=0.009$，95%CI [-0.038，-0.001]）和较高（$ab = -0.026$，$SE=0.016$，95%CI [-0.065，-0.001]）水平时，电视时长通过不良内容对反应抑制产生消极影响；当体罚水平较低时，观看时长通过不良内容对反应抑制的消极作用（$ab = -0.003$，$SE=0.005$，95%CI [-0.018，0.005]）不显著。调节的中介指数（index of moderated mediation）为 -0.008（$SE=0.006$，95%CI [-0.022，-0.005]），值为负值，表明随着体罚水平的升高，电视时长通过不良内容对反应抑制的消极作用会提高。

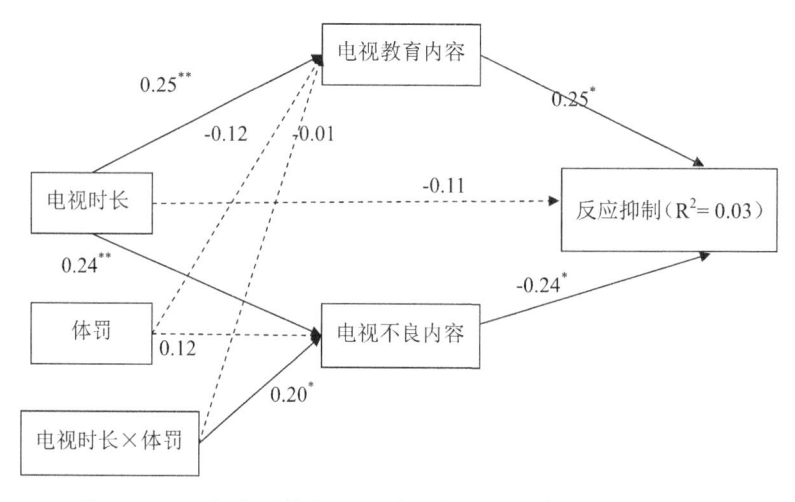

图 3-3-7 体罚调节电视观看时长对反应抑制的中介作用

使用 SPSS MARCRO PROCESS（MODEL 7）分别分析不同类型的教养方式对电子游戏时长通过不同内容的游戏影响儿童执行功能的中介作用。结果表明，教养方式不能调节这些中介作用。

三、讨论

本研究通过父母报告儿童的媒体使用情况和教养方式，通过行为实验直接测量儿童执行功能的不同方面，在小学儿童中检验了电视观看和电子游戏的接触与其执行功能不同成分之间的关系，以及不同类型的教养方式对这些关联的调节作用。多种执行功能指标的测量是本研究的一个优势，有助于检验媒体使用对执行功能不同成分的影响及差异。另外本研究除了考察儿童媒体使用时间，同时还考虑了不同媒体内容的重要作用，以及儿童媒体使用的家庭环境，研究基于以往的理论和研究证据来检验一个研究假设模型，探明媒体使用对儿童认知发展的复杂路径作用。研究结果表明，除了电视观看时长与威斯康星卡片分类任务中完成第一个分类所需的反应数呈负相关，以及游戏使用的时长与错误应答数有显著的负向关联之外，电视时长及游戏时长与不同类型的执行功能均没有表现出直接的关联。但是中介作用的分析表明，电视观看或者游戏使用都会通过不良的内容与儿童的反应抑制以及干扰抑制负向关联，另外，电视观看或者游戏使用还会通过教育的内容与儿童的干扰抑制正向关联。观看时长与儿童执行功能之间既有负的间接效应又有正的间接效应，这可能是观看时长与执行功能之间总效应不显著的一个原因。关于教养方式的调节作用分析结果表明，父母参与的教养方式与儿童更多的观看教育内容的节目相联系，并且父母参与能够缓解不良内容对干扰抑制的消极作用，当父母参与水平较高的时候，观看时长通过不良内容对干扰抑制的间接作用不显著。另一方面，体罚则会加剧电视观看时长通过不良内容对反应抑制的消极作用，只有当体罚处于中等或较高水平时，观看时长通过不良内容对反应抑制的消极作用才会随着体罚水平的提升而增大。

就媒体使用时间而言，本研究发现电视观看和游戏使用对抑制控制和工作记忆都没有直接作用，但是电视观看对威斯康星卡片任务中完成第一个分类所需的反应数负相关，游戏使用的时长对错误应答数显著负相关。完成第一个分类所需要的卡片数量，主要反映了儿童根据反馈进行归纳的能力，错误应答数量反映了儿童的认知转移或者认知灵活能力，两个指标值越小均反映两种能力越好，也就是说电视观看时长与更好的归纳能力相关，游戏时长与更好的认知灵活能力相关。以往关于电视时长对执行功能研究的结果存在较大的不一致，Nathanson 等人使用 4 个 EF 的任务测量学龄前幼儿的执行功能与电视观看之间的关系，他们的研究发现电视时长与执行功能负相关，但是我们在中国幼儿群体的研究表明执行功能与电视观看时长正相关，造成研究结果不一致的原因可能在于观看时长存在较大的差异，而执行功能与观看时长的关系可能是非线性的。

为了回应研究者呼吁使用复杂的理论模型来检验媒体使用对儿童认知发展的影响机制，本研究构建了一个可调节的中介模型。研究结果表明，虽然电视观看时长和游戏时长对儿童抑制控制的直接效应不显著，但是中介作用分析的结果表明，媒体使用时间会通过不同内容来影响儿童的抑制控制能力，并且教育内容和不良内容都与儿童的干扰抑制显著有关，而不良内容则主要与反应抑制有关，这一结果与前人研究结果一致。首先，当研究考虑了媒体的内容之后，媒体使用时间的效用通常会降低或者变得不显著。本研究也再次证实了，在进行媒体效果研究的时候，如果单纯地考虑媒体使用时间的因素，将媒体看作统一的不可分解的整体的话，将会曲解媒体使用对个体的影响。本研究发现不良的电视和游戏的内容主要与儿童的抑制控制（干扰抑制和反应抑制）能力呈负相关，而教育内容还与干扰抑制正相关。这与我们本章第二节在中国幼儿群体中的研究结果一致，研究发现幼儿接触的电子游戏的不良内容与抑制控制（stroop 和 flanker 任务）呈负相关。另外众多国外研究也表明媒体中的攻击或者暴力内容与个体的抑制控制能力负相关（比如 Hummer 等人 2010 年的研究）与个体攻击行为或者冲动行为正相关（Gentile 和 Stone 在 2006 年的研究）。在本研究中，干扰抑制采用 flanker 任务来测量，儿童需要忽略目标刺激周围的干扰刺激而对目标刺激做出反应。教育内容的节目，因其良好的设计以及儿童可以理解的故事情节，会吸引儿童注意故事的发展，在非主要情节中获得情节的主要信息，这可能是教育内容的媒体与儿童干扰控制能力呈正相关的原因。

对于教养方式的调节作用检验表明，父母参与和体罚能够通过影响儿童观看的电视节目内容而间接影响电视观看时间对儿童抑制控制的影响。父母参与能够缓解不良内容对干扰抑制的消极作用，当父母参与水平较高的时候，观看时长通过不良内容对干扰抑制的间接作用不显著。父母参与还与儿童教育内容节目的观看呈正相关，也就是说当父母更积极地参与儿童的教养活动中，儿童可能会看更多的教育内容节目。另一方面，体罚则会加剧电视观看时长通过不良内容对反应抑制的间接作用，只有当体罚处于中等或较高水平时，观看时长通过不良内容对反应抑制的消极作用才会随着体罚水平的提升而增大。这一结果可以从观察学习的角度解释，体罚本身也是一种攻击行为，儿童从不良电视内容中接触到的攻击、暴力和危险行为，会在家庭中被权威的父母进一步强化，加剧了媒体的不良内容对儿童反应抑制能力的消极影响。

本研究有以下不足。首先，本研究仅选取一年级学生，虽然以往研究表明儿童媒体使用的习惯和偏好从童年期到青春期是比较稳定的，但是年长儿童和年幼儿童在媒体内容和媒体形式的选择上有更大的自主权和选择范围。因此未来的研究需要进一步扩展儿童的年龄范围以验证结果的适用性。第二，本研究为横断面研究，无法确定变量之间的因果关系。第三，本研究使用的是家长报告的儿童媒体使用情况，尽管我们要求家长分别报告工作日和周末的使用时间，以及儿童经常观看的节目内容，但是这种自我报告的方式还是会存在一定的偏差，因此未来的研究会使用更加客观的方式，比如用媒体日记或者观察录像的方式来考察媒体对儿童认知或者亲子互动的影响。

总之，本研究通过父母报告儿童的媒体使用和教养方式，通过行为实验任务考查儿童执行功能的不同方面，综合考查媒体使用时间、使用内容、家庭环境对儿童执行功能发展的影响。研究发现电视观看时间和电子游戏时间与儿童的归纳能力和认知灵活性相关。不良媒体内容与儿童的干扰抑制和行为抑制呈负相关，教育内容与儿童干扰抑制正相关。父母参与的教养方式能够缓解不良电视内容对干扰抑制的消极影响，而体罚则会加剧不良电视内容对反应抑制的消极影响。

第四节　电子媒体使用与小学儿童执行功能的关系：交叉滞后面板分析的证据

一、引言

众多实证研究考察了电子媒体使用对儿童执行功能发展的影响。但是，我们对电子媒体与儿童执行功能发展间的关系还缺乏一致的定论，这可能在于目前的研究尚存在一些问题，主要表现在以下几个方面。

首先，对于屏幕使用的测量问题，多数研究关注使用时间，而忽视媒体内容的作用（如 Hong 等人 2023 年，Descarpentry 等人 2023 年，Zhao 等人 2022 年的研究）。其次，缺乏对于不同类型媒体产生作用的同时考查。由于儿童媒体使用行为习惯的原因，研究者重点考察了电视对低龄儿童执行功能发展的影响（如 Cliff 等人 2018 年，Corkin 等人 2021 年的研究），而对于电子游戏对儿童发展的影响则集中在对学龄儿童或者青少年群体（如 Hong 等人 2023 年，Kovess-Masfety 等人 2016 年，Pujol 等人 2016 年的研究）。伴随着电子媒体的移动化和智能化，也有研究者开始关注学龄前儿童的移动媒体使用情况（Huber 等人 2018 年，Yang 等人 2020 年的研究），但总体上缺乏对同一年龄群体不同媒体形式使用影响效果的综合考察。第二，尽管在理论上，研究者认为电子媒体使用与儿童发展之间的关系是双向的、交互的，比如 Valkenburg 和 Peter 在 2013 年提出的媒体效果差别易感理论，但现有研究大多采用横断面设计无法回答变量之间的因果关系，比如 Hong 等人 2023 年，Tamana 等人 2019 年和邢淑芬等人 2017 年的研究。一些纵向研究的结果也不太统一（如 Cliff 等人 2018 年，Supper 等人 2021 年，Tan 和 Zhou 2022 年，以及 Zhao 等人 2022 年的研究等）。上述三个问题的回答和解决对于深刻认识电子媒体使用与儿童执行功能发展之间的关系，指导儿童健康媒体使用，开展家庭干预等具有重要的理论和实践意义。基于此，本研究采用纵向研究设计，综合考察电视观看与电子游戏的使用时间和使用内容与儿童执行功能之间的因果关系，以弥补现有研究在上述三个方面的局限。

（一）抑制控制、注意控制及个体内反应时变异（Intraindividual reaction time variability，IIV）

注意控制和抑制控制是涉及自我调节的重要执行功能成分，也通常被认为是其他高级执行功能，如认知灵活性、计划、推理和决策的重要基础。抑制控制是指个体抑制自身的冲动性和习惯性的行为，以及个体对刺激所形成的优势性反应，从而采取适当的行为以达成相应的目标。注意控制使个体能够集中注意力在目标焦点上而抑制无关信息刺激的干扰作用。抑制控制在学龄前发展迅速，在 5 到 8 岁甚至到青春期之间持续改善。

近期研究者开始关注儿童在认知任务中的个体内反应时变异，IIV 反映了被试在执行认知任务过程中试次间（trial-to-trial）反应时的波动，通常被认为是中枢神经系统功能稳定性的指标，也被用来衡量个体注意控制和注意稳定性。较小的 IIV 反映了其较好的注意力控制性或稳定性，而较大的 IIV 反映了其较差的注意控制和较大的注意波动。现有关于 IIV 的研究大多集中在非正常发展群体或老年群体。MacDonald 等人在 2006 年的研究发现 IIV 从儿童期到老年期呈 U 型发展。较大的 IIV 可能是一些精神神经障碍，如注意缺陷多动障碍、孤独症及阿尔兹海默症的重要生物标记。Isbell 等人 2018 年在正常发展儿童群体中的研究表明，学龄前幼儿时期的 IIV 与同时期的认知灵活性和学业准备有关，并能预测一年级的学业表现。Peng 等人在 2021 年的一项纵向研究表明，小学生的 IIV 对男生的外化问题有显著的预测作用。总之，儿童 IIV 对其发展的意义及影响因素的研究还很不充分，目前也没有研究考察儿童的电子媒体使用与其 IIV 之间的关系。go no-go 任务是经典的测量个体执行功能的任务，本研究将分别以个体在 go no-go 任务中的正确率和 IIV 作为抑制控制和注意控制的指标，考察电子媒体使用与其之间的关系。

（二）电子媒体与儿童执行功能

几十年来，电子媒体对个体注意和认知控制（或执行功能）发展的影响一直是公众争论的中心。而目前关于电子媒体对儿童发展的影响究竟是好还是坏还缺乏科学共识，原因可能在于：两者之间的关系依赖于多种因素的共同作用。Vedechkina 和 Borgonovi 总结了这些因素包括谁、如何、何时、与谁一起使用了何种媒体，以及研究者关注哪种发展结果。也就是媒体的特征（比如内容、使用时间、不同媒体形式等）、儿童的特征（如年龄、性别、认知特点等）以及儿童使用媒体的背景或方式，比如家长对儿童媒体使用的管理、是否进行多任务处理等，这些因素都会在一定程度上影响儿童电子媒体使用对其发展的影响效果。基于此，本研究将分别考虑不同媒体形式（电视和电子游戏）的使用时间和使用内容对学龄儿童执行功能的影响。学龄儿童的执行功能还处在持续发展中，抑制控制和注意控制对于学龄儿童的学业成功和人际交往发挥着重要的作用，并且学龄儿童已经广泛接触了电视和电子游戏，使得不同媒体使用的综合考查成为可能。另外，由于电子产品的数字化和便携化，所以其使用时间和使用内容的分离和界定存在一定困难。比如除了通过传统的电视机观看节目之外，儿童可以从手机、平板和电脑中观看任何电视台或者通过网络放送的节目。儿童还可以通过手机、平板或电脑甚至电视机来进行视频游戏。因此，要准确获得不同形式媒体活动的效果，有必要综合测量通过不同平台从事这种媒体活动的时间。

1. 电视与儿童执行功能

电子媒体通过媒体使用时间、内容特征和形式特征三条路径对儿童发展产生影响。依据代替假说，儿童花费在电子媒体上的时间可能会占用那些对儿童发展有积极意义的其他活动（如阅读、亲子交流、户外运动等）时间，从而不利于儿童的发展。关于电视观看时长对儿童注意影响的研究仍存在不一致的结论。一方面，研究发现收看电视会对儿童的注意发展产生消极影响，比如 Christakis 等人 2004 年以及 Tan 和 Zhou 在 2022 年的研究。Zhao 等人在 2022 年发表的一项针对中国新生儿的队列研究持续跟踪了儿童从 6 月龄到 72 月龄的屏幕时间（包括电视、电脑、平板和手机）发展轨迹，发现与持续低屏幕接触组儿童相比，接触屏幕较多的儿童在 72 月龄时的工作记忆更差、注意问题更多。另一方面，研究表明学前儿童收看电视与后期注意/多动问题之间并无明显相关，比如 Stevens 和 Mulsow 在 2006 年的研究，以及 Descarpentry 等人 2023 年开展的一项针对 3—14 岁儿童的研究同样未发现屏幕使用时长和注意的联系。儿童执行功能的研究中存在类似结果。有研究发现电视观看时长与幼儿执行功能负相关，比如 Nathanson 等人在 2014 年，以及 Portugal 等人在 2023 年的研究。但也有研究发现执行功能与儿童电视观看呈正相关，如 Linebarger 等人在 2014 年，Yang 等人在 2017 年，以及邢淑芬等人在 2017 年发表的研究。

研究存在不一致结论的原因可能有以下几点：第一，观看时长与儿童发展之间的关系可能是非线性的，呈倒 U 型曲线。适度的观看有利于儿童的发展，过度的观看不利于儿童发展。第二，对影响变量的控制不够严格，缺乏对媒体使用背景性因素的全面考虑。Foster 和 Watkins 在 2010 年的文章中重新分析了 Christakis 等人 2004 年的研究数据，在控制了贫穷地位和母亲的能力后，观看电视与注意问题之间的相关就消失了。第三，儿童的年龄和电视内容会产生重要的调节作用。多数研究将时间作为收看电视的量化指标，缺乏对电视内容的考察，而不同的内容会对儿童执行功能产生不同的影响。比如 Barr 等人在 2010 年发现婴儿一岁时观看成人导向的节目与 4 岁的执行功能负相关，但一岁时观看的儿童类节目则与一岁和 4 岁时的执行功能没有关联。类似的，Cliff 等人 2018 年发现儿童 2 岁时电视观看时长与 4 岁时有较好的自我调节相联系，但是 4 岁时电视观看时长与 6 岁时的自我调节没有显著关系。Bandura 的社会认知理论认为，儿童可以观察媒体中角色的行为，从媒体的使用过程中学习解决问题的方法甚至了解外部世界的情况。因此，儿童执行功能的发展可以从年龄适宜的教育类电视节目中获益。

而娱乐类电视节目的快速剪辑（the fast pace）、较多的虚幻内容以及暴力或攻击性内容可能是其对儿童注意和执行功能发展产生消极影响的潜在原因。快速剪辑唤醒—习惯化假设（The fast-pace arousal-habituation hypothesis）认为电视节目快速剪辑的特征导致儿童对新出现的刺激不断进行注意的朝向反应，从而增加唤醒水平。伴随着重复的暴露，儿童将会对快速的节奏习惯化并降低唤醒水平。最终儿童的基线唤醒水平将会下降，从而出现一些注意或者执行功能问题。扫描转移假设（scan-and-shift hypothesis）则认为快节奏的节目使儿童建立一种不断扫描和切换的注意特点，进而阻碍儿童发展出需要付出努力的持续性注意。Lillard 和 Peterson 2011 年的实验研究发现短时观看快节奏动画会削弱 4 岁儿童的执行功能表现。但是后期的研究则认为是电视节目内容的幻想性特点而非快速剪辑导致儿童执行功能的不良表现。与儿童心理表征相违背的虚幻内容需要耗费儿童更多的认知资源来加工和理解，进而造成认知超载并对后续的执行功能表现产生不良的影响。总之，不论是快速变换的节奏还是超出预期和理解的虚幻内容，他们对儿童注意和执行功能产生消极影响的共性可能在于，过分激发了自下而上的加工，最终导致自上而下控制加工的困难。Essex 等人也发现具有更大刺激性、场景变动性和复杂认知特征的电视内容会削弱儿童的执行功能。

媒体暴力内容对个体执行功能产生不良影响的解释来源于暴力-脚本启动假说（violence-induced script hypothesis），对暴力媒体的接触使个体习得与攻击相关的认知脚本。因为暴力行为具有冲动性，暴力行为是对攻击行为抑制不成功的表现，因此攻击脚本的启动会影响个体对相应行为或者想法是否适宜的决策判断，从而导致个体做出更多的冲动性行为。暴力的视频内容会对儿童行为抑制产生负面影响。

2. 电子游戏与儿童执行功能

不同形式的电子媒体会有其独特的、积极或消极的影响。Huber 等人在 2018 年的研究发现，相比于观看视频节目，具有互动性的电子游戏对儿童执行功能的影响可能会更大。长久以来，暴力视频游戏对个体攻击性的影响一直是公众关心的焦点。Zhang 等人 2021 年的研究表明，过多接触暴力游戏会增强 6 岁儿童的攻击性和冲动性，我们在本章第二节的研究中也发现游戏中的攻击性内容与 3—6 岁儿童的抑制和控制负相关。Hong 等人 2023 年的研究也发现，对于 6—18 岁的儿童青少年，过多地接触视频游戏在各种认知任务中的表现更差。但是另一方面，研究发现有经验的游戏玩家比非玩家在注意和认知任务中表现更好（比如 Dye 等人 2009 年，Martinez 等人在 2023 年的研究）。Leong 等人 2022 年的研究发现，玩益智类游戏玩家在反应抑制上表现更好。Huber 等人 2018 年的研究表明，使用电子媒体进行互动性的游戏和使用教育 App 促进 2—3 岁儿童执行功能，Kovess-Masfety 等人以及 Pujol 等人在 2016 年关于小学儿童的研究也表明，电子游戏可以促进儿童的认知功能和视觉运动功能。Best 在 2012 年，以及盖笑松等在 2021 年对于电子游戏的干预研究发现，运动类型的电子游戏（如任天堂 wii 和微软 Xbox 等）对于儿童青少年 EF 功能有促进作用。

（三）电子媒体与儿童执行功能：因果方向

Bronfenbrenner 的生物生态发展系统理论以及 Lerner 和 Kauffman 提出的发展情境论均强调发展过程中儿童和环境对象之间的双向性和循环性。班杜拉的社会认知理论以及媒体效果差别易感性理论（differential susceptibility to media effects model）都认为媒体效果与儿童发展是双向的和交互的。但是，现有研究的视角大多认为儿童发展是媒体使用之果，忽略了儿童会发展也是媒体使用之因。首先，个体更倾向于选择接触或使用那些与其特质相一致的媒体内容（Hart 等人 2009）。比如，Slater 等研究发现有攻击性气质的儿童会更多地选择暴力内容的媒体，Radesky 等人发现儿童较差的自我调节能力会使其更多地接触电子媒体，Wilke 等人发现冲动性也会导致问题性媒体使用，Mathews 等人发现注意缺陷多动障碍群体电子游戏成瘾的风险更高等。更进一步，相应的媒体内容只能对接触这个内容的儿童产生影响。也就是说，儿童不仅决定了他们自身的媒体使用，也部分塑造了媒体对他们产生的影响。最后，当媒体使用产生的效果与儿童自身特点相一致时，儿童与媒体使用之间的交互性效果更有可能产生。

Gentile 等人在 2012 年发表的纵向研究就验证了电子游戏的时间和暴力性内容与青少年注意问题和冲动性之间的因果交互关系。Cliff 等人 2018 年基于一项大型纵向研究也表明儿童 2 岁时的电视观看时间和总媒体暴露与 4 岁时自我调节负相关，且 4 岁时儿童的自我调节水平负向预测 6 岁的电视观看时间、电子游戏时间和总媒体接触时间；但是 4 岁时的屏幕使用与 6 岁时的自我调节没有显著的关联。也有一些纵向的研究没有发现这些交互性的作用，比如 Johnson 等人 2007 年发现 14 岁青少年的电视观看量与后期（16 岁和 22 岁）的注意问题相关，而注意问题则与后期的电视观看无关。与此相类似，Gueron-Sela 和 Gordon-Hacker 2022 年的一项研究发现，儿童 18 个月时的累积媒体使用情况（包括儿童屏幕时间、家庭背景性电视、母亲用屏幕调节儿童行为等）可以负向预测其 22 月龄时的注意力集中性，但 22 月龄的注意力水平对于 26 月龄的累积媒体使用情况则没有显著的预测作用。还有一些纵向研究只关注了两者之间的单向作用。比如，Tan 和 Zhou 在 2022 年的研究中发现，3 岁中国儿童的屏幕时间能够预测其 4 岁时父母报告的多动和冲动水平，McHarg 等人发现儿童 2 岁时电视观看时间负向预测 3 岁的执行功能，这些研究没有检验儿童的特点是否能预测其屏幕时间。Ansari 和 Crosnoe 的研究关注儿童效应，他们发现 4 岁儿童的冲动性水平能预测其 5 岁的电视观看。此外，还有一些研究没有发现电视观看与儿童执行功能或注意发展之间的纵向关联。熊怡程等人 2022 年的研究结果没有在 2—6 岁中国儿童群体中发现电视观看时间与执行功能之间的纵向因果关系。Stevens 等人 2009 年的研究没有发现儿童从 4 岁到 10 岁期间电视观看时间与注意问题和冲动性发展轨迹的因果关系。Supper 等人 2021 年的研究也没有发现 6 岁儿童的电视观看时间与其 8 岁时的注意问题之间的关系。

以上研究表明，尽管在理论上儿童的执行功能发展与其电子媒体的使用之间可能存在交互作用的模式，但是实证研究的结果却并不十分一致。原因可能一方面在于电子媒体使用不仅有时间和内容的区分，单单如何界定屏幕时间在不同的研究之间就存在较大的差异。另一方面，研究者采用不同的方式考察儿童的发展结果。有些研究采用他人或者儿童自身的报告来测量儿童的注意问题或者执行功能发展水平，也有一些研究采用更为客观的实验室行为任务来测量儿童的执行功能。量表报告与实验室任务测得的儿童执行功能或者注意能力则反映了儿童发展的不同方面。最后，电子媒体使用与个体发展的关系可能因研究对象的发展阶段不同而发生变化。电子媒体的过度使用或者媒体的不良内容可能对于大脑可塑性更高的低龄儿童影响更大，但是低龄儿童的媒体使用多数是由其照料者所主导的，因此家长的行为可能会很大程度调节媒体使用的影响效果。伴随着儿童年龄的增长，他们更有能力从事广泛的媒体活动，根据自身的特点和喜好选择相应的媒体内容或形式。

（四）本研究

综合以上分析，我们对于电子媒体使用与儿童执行功能发展关系的认识还很不充分。并且，目前相关研究大多以西方儿童为样本，对中国儿童的纵向研究非常少有。而中国儿童的执行功能发展以及媒体使用时间和内容都与国外存在一定的差异。相比于同年龄的西方儿童，中国儿童在执行功能上的表现要更好。总体上来讲，中国儿童的媒体使用时间也相对较少。常识媒体（Common Sense Media）2020年的报告显示，美国2到4岁的儿童平均每天使用电子媒体的时间为2.5小时，5到8岁儿童约为3小时；而《中国儿童发展报告（2019）》提到，我国3至15岁儿童在上学时日均使用电子产品的时间为43分钟，周末则为96分钟。因此，在中国儿童群体中开展纵向研究探究不同电子媒体形式和内容的使用与儿童执行功能发展间的关系，对于弥补现有文献的不足以及推动儿童健康媒体使用行为具有重要的意义。

本研究通过为期三年的追踪研究，分别从儿童电视观看与电子游戏使用两种媒体形式出发，通过使用时长、媒体内容来衡量儿童电子媒体使用情况，并采用交叉滞后面板分析的方法确定媒体使用与儿童执行功能之间的因果关系。基于以上分析，本研究假设：（1）电视和电子游戏的时长会影响儿童执行功能发展；（2）电子媒体的不良内容会削弱儿童执行功能发展，而教育内容会促进执行功能发展；（3）儿童执行功能会预测其后期电子媒体的使用时长和内容。

二、研究方法

（一）被试及研究程序

本研究采用整群方便抽样的方法，招募陕西省某小学一年级的学生为被试，进行追踪研究。在研究正式开始前，所有儿童的父母都签订了知情同意书，并自愿参与研究。研究持续三年，第一次施测时间为2017年4月至5月，此后每隔一年测量一次，共收集了三个时间点的数据。每次施测时，由经过培训的主试在儿童所在学校的一间教室内对儿童进行一对一的测量，儿童在笔记本电脑上完成go no-go任务，家长填写关于儿童基本情况以及媒体使用的问卷。

研究共招募了229人（107名女孩，$M_{年龄}$ = 7.24，$SD_{年龄}$ = 0.31），三次测量最终获得本研究数据的样本数量分别为178人（83名女孩，$M_{年龄}$ = 7.23，$SD_{年龄}$ = 0.32）、227人（105名女孩，$M_{年龄}$ = 8.24，$SD_{年龄}$ = 0.31）和216人（102名女孩，$M_{年龄}$ = 9.23，$SD_{年龄}$ = 0.31）。被试都有充足的非缺失数据，即至少保留了一年的数据，其中166个家庭参加了三次测量，60个家庭参加了两次测量，3个家庭参加了一次测量。被试的其他基本情况见表3-4-1。

表 3-4-1 被试的基本情况

变量	类型	人数	人数占比（%）
性别	男生	122	53.3
	女生	107	46.7
父亲受教育程度	小学	1	0.4
	初中	11	4.8
	高中	29	12.7
	大专或本科	146	63.8
	硕士研究生	26	11.4
	博士研究生	1	0.4
	缺失	15	6.6
母亲受教育程度	小学	3	1.3
	初中	9	3.9
	高中	41	17.9
	大专或本科	143	62.4
	硕士研究生	18	7.9
	博士研究生	1	0.4
	缺失	14	6.1
家庭月收入	低于 3000 元	2	0.9
	3001 元～7000 元	19	8.3
	7001 元～10 000 元	49	21.4
	10 001 元～20 000 元	84	36.7
	高于 20 001 元	56	24.5
	缺失	19	8.3

（二）研究工具

1. 儿童电子媒体使用情况

家长首先报告在普通的工作日以及周末儿童每天观看电视/玩视频游戏或电子游戏的时长。电视的观看包括从电视机、电脑、手机、平板电脑等不同平台观看的电视节目、视频等形式的节目，视频游戏或电子游戏包括从手机、电脑或平板电脑玩的游戏。使用以下方式计算儿童平均每天使用电子媒体的时长：（工作使用时间×5+周末使用时间×2）/7。

另外，家长分别报告儿童最喜欢的3个电视节目/游戏，并分别回答3个问题。首先在1~5点量表上（从小于半个小时到3个小时以上）回答儿童每天观看该节目/玩该游戏的时长，然后在1~7量表（从完全没有到极其多）回答其包含的教育方面的内容（如关爱、帮助、分享、合作等）和危险性或攻击性的内容（比如战斗、打架、骂人、赌博、危险驾驶等）的程度。通过将每个节目/游戏的观看/使用时长乘以教育内容程度的乘积相加获得教育内容指数，通过将每个节目/游戏的观看/使用时长乘以攻击内容程度的乘积相加获得不良内容指数。

2. 儿童执行功能

采用 go no-go 任务测量儿童的抑制控制能力。该任务要求被试对屏幕中央出现的圆形（go 刺激）做出按键反应，对屏幕中出现的方形（no-go 刺激）不作反应。任务包含20个练习试次和160个正式试次。正式试次包含两个区组，其中 go 试次占80%，no-go 试次占20%。两个区组间被试休息30秒。本研究以 no-go 试次的正确率（no-go ACC）作为个体行为抑制的指标，通过计算每个被试正确 go 试次的平均反应时的标准差，以获取 IIV，记作 goIIV，作为个体注意控制的指标。

（三）数据处理与分析

本研究采用 SPSS 26.0 对数据进行描述性分析及相关分析，采用 Mplus 7.4 进行交叉滞后模型分析，并使用全息极大似然估计法（FIML）来处理缺失值，将人口学变量（儿童的性别、年龄、家庭收入、父母学历）纳入控制变量以考察其对 T1 四个变量（即儿童执行功能、媒体时长、媒体教育内容和媒体不良内容）的影响，分别构建电视/游戏使用情况与儿童执行功能（即行为抑制和注意控制）在三个时间点的交叉滞后模型。

三、结果

（一）描述性分析

三个时间点下，研究变量的描述性结果见表3-4-2。

表 3-4-2 研究变量的描述性分析

变量	最小值	最大值	M	SD
电视观看时长1	6.00	240.00	63.43	46.05
电视观看时长2	0.00	257.14	46.67	38.60
电视观看时长3	0.00	300.00	35.54	32.12
电视教育内容1	2.00	74.00	18.33	11.92
电视教育内容2	0.00	51.00	16.64	9.05
电视教育内容3	3.00	90.00	23.52	14.68
电视不良内容1	1.00	40.00	11.38	8.11
电视不良内容2	0.00	39.00	10.22	6.93
电视不良内容3	1.00	95.00	11.48	9.98
游戏使用时长1	0.00	145.71	25.47	28.18
游戏使用时长2	0.00	162.86	18.98	21.08
游戏使用时长3	0.00	180.00	25.82	26.80
游戏教育内容1	0.00	38.00	7.22	7.69
游戏教育内容2	0.00	39.00	6.29	6.45
游戏教育内容3	0.00	100.00	17.81	15.85
游戏不良内容1	0.00	30.00	5.32	5.56
游戏不良内容2	0.00	30.00	4.75	4.97
游戏不良内容3	0.00	90.00	12.79	14.77
goIIV1	72.68	387.67	154.19	52.44
goIIV2	64.27	451.93	135.38	50.84
goIIV3	55.30	284.47	117.78	43.74
nogoACC1	0.10	0.94	0.56	0.20
nogoACC2	0.06	1.00	0.61	0.20
nogoACC3	0.13	1.00	0.68	0.19

注：变量名称后面的数字表示数据的测量批次，使用时长的单位为分钟，goIIV = go no-go 任务中正确 go 试次的个体内反应时变异，no-goACC = go no-go 任务中 nogo 试次的正确率。

（二）相关分析

研究变量之间的相关分析结果见表 3-4-3。

表 3-4-3 研究变量的

变量	1	2	3	4	5	6	7	8	9	10	11	12	13	14
1 电视观看时长 1	—	—	—	—	—	—	—	—	—	—	—	—	—	—
2 电视观看时长 2	0.15	—	—	—	—	—	—	—	—	—	—	—	—	—
3 电视观看时长 3	0.09	-0.02	—	—	—	—	—	—	—	—	—	—	—	—
4 电视教育内容 1	0.22**	0.04	-0.03	—	—	—	—	—	—	—	—	—	—	—
5 电视教育内容 2	0.14	0.24**	0.13	0.06	—	—	—	—	—	—	—	—	—	—
6 电视教育内容 3	0.05	-0.14	0.19*	0.11	0.14	—	—	—	—	—	—	—	—	—
7 电视不良内容 1	0.29**	0.05	-0.07	0.61**	0.06	0.11	—	—	—	—	—	—	—	—
8 电视不良内容 2	0.06	0.23**	0.01	0.04	0.58**	0.03	0.28**	—	—	—	—	—	—	—
9 电视不良内容 3	-0.04	-0.04	0.12	0.11	0.17*	0.55**	0.22*	0.28**	—	—	—	—	—	—
10 游戏使用时长 1	0.55**	0.07	0.18	0.21*	0.16	0.11	0.34**	0.18*	0.16	—	—	—	—	—
11 游戏使用时长 2	0.16	0.26**	0.10	0.19*	0.30**	0.07	0.13	0.25**	0.06	0.23*	—	—	—	—
12 游戏使用时长 3	0.18	-0.03	0.31**	0.13	0.23**	0.32**	0.17	0.19*	0.43**	0.34**	0.02	—	—	—
13 游戏教育内容 1	0.14	0.01	0.15	0.45**	0.18*	0.38**	0.34**	0.20*	0.49**	0.45**	0.28**	0.40**	—	—
14 游戏教育内容 2	0.05	0.10	0.02	0.23**	0.31**	0.20*	0.09	0.22**	0.14	0.20*	0.55**	0.05	0.49**	—
15 游戏教育内容 3	0.02	-0.16	0.07	0.10	0.16	0.45**	0.19	0.15	0.54**	0.28**	0.16	0.48**	0.37**	0.19*
16 游戏不良内容 1	0.10	0.02	0.21*	0.28**	0.12	0.42**	0.41**	0.29**	0.50**	0.48**	0.18	0.52**	0.77**	0.33**
17 游戏不良内容 2	-0.01	0.08	0.01	0.16	0.15*	0.21*	0.22*	0.42**	0.33**	0.26**	0.40**	0.26**	0.39**	0.61**
18 游戏不良内容 3	-0.04	-0.10	0.13	0.05	0.21*	0.38**	0.14	0.27**	0.66**	0.31**	0.12	0.49**	0.28*	0.09
19 goIIV1	0.01	-0.14	0.13	-0.09	-0.15	-0.08	-0.04	0.07	0.16	0.09	-0.12	0.09	-0.04	-0.16
20 goIIV2	-0.01	-0.03	0.08	-0.01	-0.04	0.10	0.15	0.07	0.26**	0.12	0.01	0.10	0.00	-0.05
21 goIIV3	-0.03	-0.06	0.11	-0.04	0.22**	0.15	-0.01	0.23**	0.30**	0.12	0.25**	0.16	0.29**	0.14
22 nogoACC1	-0.15	-0.16*	-.019*	-0.02	-0.14	-0.20*	-0.15	-0.20*	-0.20*	-0.20*	-0.17*	-0.11	-0.19*	-0.19*
23 nogoACC2	0.02	-0.15*	-0.08	0.01	-0.12	0.04	-0.04	-0.15*	-0.01	-0.08	-0.04	-0.13	-0.10	-0.06
24 nogoACC3	-0.01	-0.10	-0.06	-0.07	-0.10	-0.07	-0.14	-.016*	-0.19*	-0.23**	-0.05	-.019*	-0.18	0.02
25 儿童年龄	0.02	0.08	-0.03	0.06	0.06	0.02	0.01	0.02	-0.01	0.09	0.09	0.09	0.08	0.01
26 儿童性别	0.02	0.02	0.06	0.05	0.11	0.13	0.22**	0.30**	0.26**	0.20*	0.11	0.10	0.10	-0.01
27 父亲受教育程度	-0.09	-0.04	-0.02	-0.09	-0.08	-0.10	-0.10	0.02	-0.16*	-0.12	-0.09	-0.06	-0.19*	-0.14
28 母亲受教育程度	-0.02	0.00	0.12	-0.09	-0.09	-0.11	-0.18*	-0.09	-0.20**	-0.17	-0.10	-0.02	-0.14	-0.08
29 家庭月收入	-0.05	-0.01	0.09	-0.14	0.07	0.06	-0.14	0.08	0.05	-0.09	0.03	0.09	-0.06	-0.06

074

相关分析

15	16	17	18	19	20	21	22	23	24	25	26	27	28
—	—	—	—	—	—	—	—	—	—	—	—	—	—
—	—	—	—	—	—	—	—	—	—	—	—	—	—
—	—	—	—	—	—	—	—	—	—	—	—	—	—
—	—	—	—	—	—	—	—	—	—	—	—	—	—
—	—	—	—	—	—	—	—	—	—	—	—	—	—
—	—	—	—	—	—	—	—	—	—	—	—	—	—
—	—	—	—	—	—	—	—	—	—	—	—	—	—
—	—	—	—	—	—	—	—	—	—	—	—	—	—
—	—	—	—	—	—	—	—	—	—	—	—	—	—
—	—	—	—	—	—	—	—	—	—	—	—	—	—
—	—	—	—	—	—	—	—	—	—	—	—	—	—
—	—	—	—	—	—	—	—	—	—	—	—	—	—
—	—	—	—	—	—	—	—	—	—	—	—	—	—
—	—	—	—	—	—	—	—	—	—	—	—	—	—
0.41**	—	—	—	—	—	—	—	—	—	—	—	—	—
0.29**	0.45**	—	—	—	—	—	—	—	—	—	—	—	—
0.64**	0.37**	0.32**	—	—	—	—	—	—	—	—	—	—	—
0.14	0.08	0.08	0.26**	—	—	—	—	—	—	—	—	—	—
0.05	0.21*	0.18*	.37**	0.36**	—	—	—	—	—	—	—	—	—
0.30**	0.34**	0.20*	.41**	0.39**	0.40**	—	—	—	—	—	—	—	—
−0.10	−0.30**	−0.36**	−0.26**	−0.03	−0.22**	−0.09	—	—	—	—	—	—	—
−0.08	−0.17	−0.24**	−0.15	−0.09	−0.09	−0.12	0.53**	—	—	—	—	—	—
−0.20*	−0.26**	−0.19*	−0.25**	−0.19*	−0.18*	−0.22**	0.53**	0.63**	—	—	—	—	—
0.11	0.12	0.07	0.05	−0.17*	−0.11	−0.09	−0.03	−0.02	0.03	—	—	—	—
0.18*	0.30**	0.29**	0.34**	0.20*	0.27**	0.22**	−0.33**	−0.24**	−0.36**	0.15*	—	—	—
−0.20*	−0.18*	−0.06	−0.12	0.01	−0.01	−0.01	0.13	0.11	0.17*	0.01	0.01	—	—
−0.28**	−0.21*	−0.12	−0.15	0.02	−0.03	−0.06	0.09	0.06	0.17*	0.10	−0.12	0.53**	—
0.09	−0.02	−0.06	0.09	−0.04	0.02	0.10	0.05	−0.06	−0.07	−0.07	0.00	0.20**	0.19**

(三)交叉滞后回归分析

1. 电视观看情况与执行功能

电视观看和电子游戏使用与儿童行为抑制和注意控制的交叉滞后模型的拟合指标结果见表3-4-4,四个模型拟合指数较好。电视观看与儿童执行功能发展的交叉滞后模型结果见图3-4-1和图3-4-2。电视观看的内容,尤其是不良内容,以及儿童的行为抑制和注意控制具有较高的时间稳定性,前一次测量能够显著预测下一次测量的情况。但是电视观看时间在这三次测量之中没有表现出稳定的变化模式。模型1的结果表明,无论是在同一时段内还是纵向时间上,电视观看的时间和内容都没有表现出与儿童行为抑制(即no-goACC)之间的关联。但是模型2结果显示了电视不良内容与儿童注意控制(即goIIV,IIV越大表明注意控制越差)的交互预测关系,表现为T1的电视不良内容显著正向预测T2的goIIV($\beta = 0.24$,$p = 0.009$),T2的goIIV显著正向预测T3电视不良内容($\beta = 0.34$,$p < 0.001$)。此外,模型2还显示,儿童T1的goIIV显著负向预测T2的电视观看时长($\beta = -0.20$,$p = 0.023$),T2的goIIV显著正向预测T3的电视教育内容($\beta = 0.17$,$p = 0.035$)。

表3-4-4 交叉滞后模型的拟合情况

模型	χ^2	df	CFI	TLI	RMSEA	SRMR
模型1	81.15	56	0.94	0.87	0.05	0.06
模型2	83.67	56	0.93	0.84	0.05	0.06
模型3	101.72	56	0.93	0.85	0.06	0.07
模型4	108.61	56	0.91	0.80	0.07	0.07

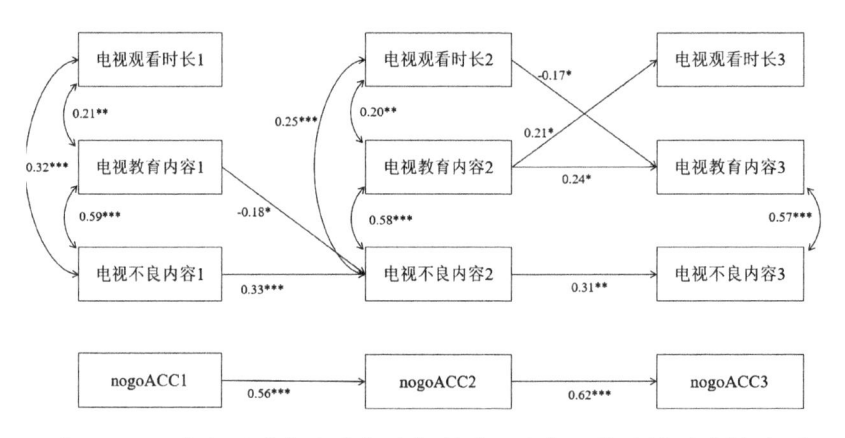

图3-4-1 电视观看与儿童行为抑制的纵向交叉滞后模型(模型1)

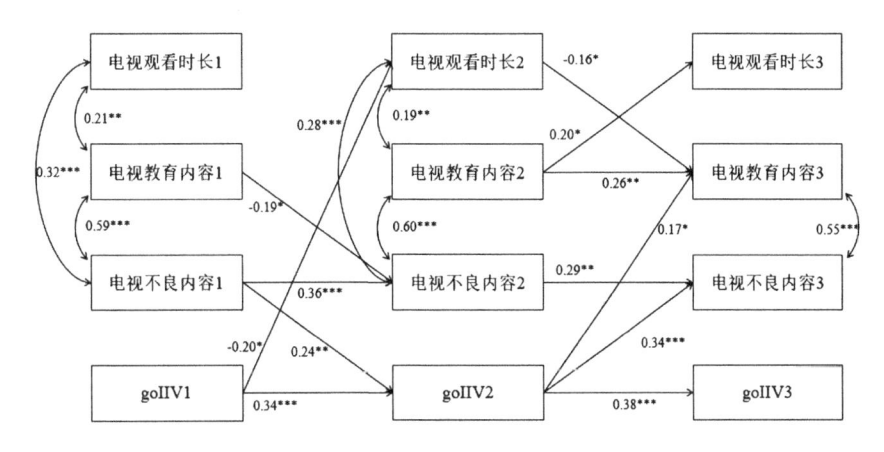

图 3-4-2 电视观看与儿童注意控制的纵向交叉滞后模型（模型 2）

2. 电子游戏使用情况与执行功能

电子游戏使用情况与儿童行为抑制和注意控制发展的交叉滞后模型结果见图 3-4-3 和图 3-4-4。电子游戏的内容，尤其是不良内容，以及儿童的行为抑制和注意控制具有较高的时间稳定性，前一次测量能够显著预测下一次测量的情况，但是电子游戏使用的时间在这三次测量之中没有表现出稳定的变化模式。模型 3 结果显示，儿童 T1 的行为抑制显著负向预测 T2 的电子游戏时长（$\beta = -0.17$, $p = 0.037$）和电子游戏的不良内容（$\beta = -0.23$, $p = 0.003$）。模型 4 中同样发现了电子游戏的不良内容与儿童注意控制的交互预测关系，表现为 T1 的电子游戏不良内容显著正向预测 T2 的 goIIV（$\beta = 0.39$, $p = 0.001$），T2 的 goIIV 显著正向预测 T3 电子游戏不良内容（$\beta = 0.32$, $p < 0.001$）。此外，T1 的电子游戏教育内容显著负向预测 T2 的 goIIV（$\beta = -0.34$, $p = 0.003$），T2 的电子游戏使用时长显著正向预测 T3 的 goIIV（$\beta = 0.22$, $p = 0.008$）。

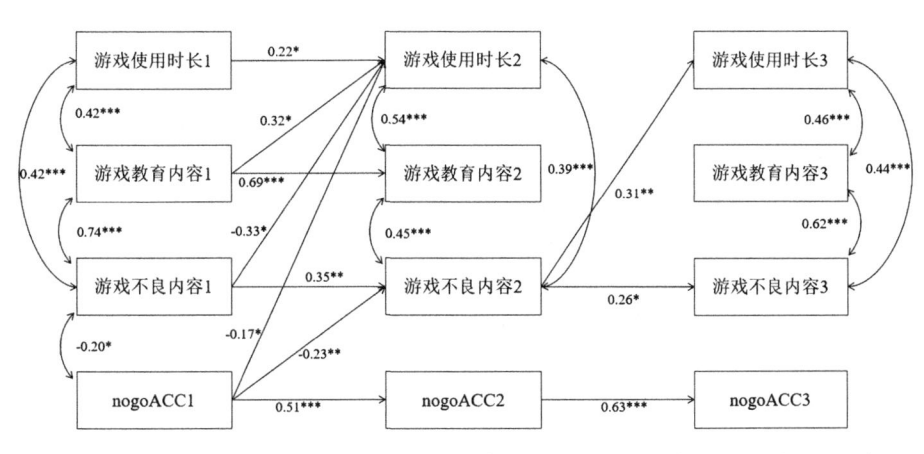

图 3-4-3 电子游戏使用与儿童行为抑制的纵向交叉滞后模型（模型 3）

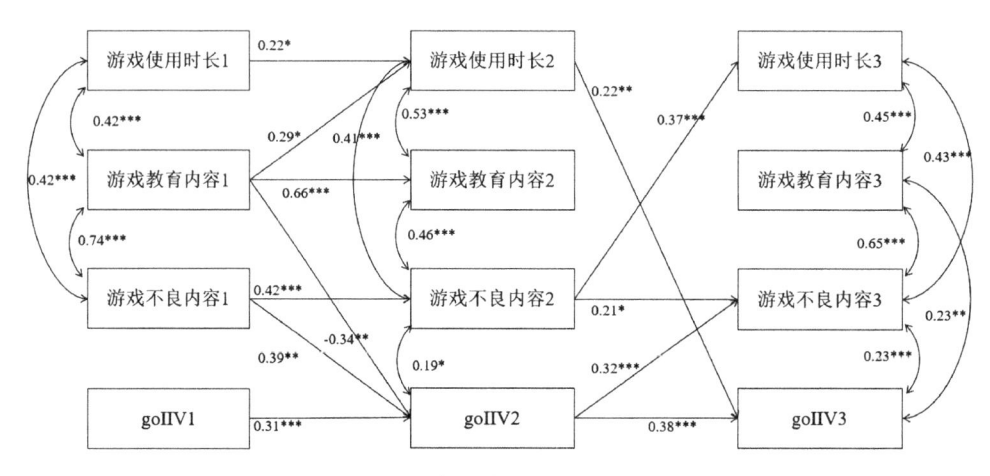

图 3-4-4　电子游戏使用与儿童注意控制的纵向交叉滞后模型（模型 4）

四、讨论

（一）电子媒体使用与执行功能

本研究首次在中国小学生儿童中构建并检验小学前三年的电视观看和电子游戏使用与其行为抑制和注意控制之间的交叉滞后模型，揭示了电子媒体使用与儿童认知发展之间的复杂因果关系。本研究结果表明，电视和电子游戏中的不良内容与儿童注意控制的发展表现出了交互预测作用，一年级时接触的媒体不良内容会削弱二年级的注意控制，进而导致儿童三年级接触更多的媒体不良内容。此外，一年级接触的电子游戏的教育内容会促进二年级的注意控制。本研究仅发现儿童二年级时期的电子游戏时间对三年级注意控制发展的不利影响。此外，本研究还发现一些不连续的预测作用，具体表现为儿童特点对媒体使用的预测。一年级儿童的注意控制能负向预测二年级时的电视观看时长，二年级时的注意控制能负向预测三年级时接触的电视教育内容。一年级的行为抑制能负向预测二年级的电子游戏时长和游戏不良内容。

与 Gentile 等人 2012 年发表的一项纵向研究结果一致，电视和电子游戏中的不良内容与儿童注意控制的发展表现出纵向交互预测作用。电子媒体中的不良内容，比如战斗、打架、骂人、赌博、危险驾驶等，通常伴随着更快的节奏变换、更刺激的场景或者更多的虚构夸张情节，这些特点不断吸引使用者的注意朝向反应，伴随着重复接触，儿童将会习惯快速的节奏并降低唤醒水平。最终儿童对节奏较慢、刺激性较低的正常生活、学习活动的注意水平不足或难以持续维持。因为本研究没有区分不良内容的节奏和虚幻程度，所以本研究不能排除不良内容因其虚幻内容较高而过度消耗儿童的注意资源从而造成认知超载。不过，本研究结果没有发现电视或游戏的不良内容对儿童行为抑制控制有不良作用，因此，暴力—脚本启动假说没有得到验证。

本研究结果还验证了注意控制较差或行为抑制较差的儿童将会在后期接触更多的媒体不良内容。与已有的理论和研究结果一致，儿童的特点也会影响其自身的媒体使用及媒体产生的效果。注意控制较差或冲动性较高的儿童可能存在唤醒不足，为了缓解这种不良的内部生理状态，这些儿童倾向于从事唤醒水平较高的活动，而电子媒体使用，尤其是暴力的或者快节奏的不良内容，很可能充当他们提升唤醒水平的活动。另外，注意控制或行为抑制较差的儿童在社会交往中可能会和同伴或者家长产生更多的冲突，因此他们可能会通过使用电子媒体来逃避或缓和这种冲突。此外，依据社会背景—内容一致性（social context-content congruency）假说，儿童更可能通过使用暴力媒体内容来回避人际冲突。Danet 等人 2022 年在幼儿群体的研究也表明，执行功能较差的学前幼儿家长可能更多地使用电子媒体来对其进行安抚。Ansari 和 Crosnoe 2016 年的研究发现 4 岁儿童的多动、冲动和注意缺失情况能够预测 5 岁的电视观看时间。

本研究发现的另一个儿童效应在于一年级儿童的行为抑制水平能负向预测二年级的电子游戏使用时间，也就是说行为抑制能力越差的儿童会更多地使用电子游戏。这与已有的一些研究结果一致，比如 Wilke 等人在 2020 年发现儿童的冲动性会导致问题性媒体使用，Mathews 等人发现注意多动障碍的儿童电子游戏成瘾的风险更高等。此外，二年级的注意控制水平负向预测三年级接触的电视教育内容，注意控制水平更低的孩子会接触更多的电视教育内容。本研究的结果提示儿童的媒体使用与发展结果之间的关系可能会受到广泛的其他因素的调节，父母会对儿童使用媒体的时间、使用媒体的内容进行适当的控制，以此来调节儿童的媒体使用行为。家长可能会让较差执行功能儿童观看更多的教育内容节目以促进其认知能力的发展。

本研究首次发现了电子游戏中的教育内容对儿童注意控制（IIV）的促进作用。Saleem 等人的研究也表明亲社会视频游戏对玩家亲社会性有促进作用。电子游戏可以给儿童空间感知和视觉注意等方面的发展带来契机。电子游戏需要玩家同时监控几种视觉刺激，纵观图形变化，识别不同的符号，觉察各种视觉空间之间的关系等，对不断出现的刺激做出相应的反应，采用正确的策略以应对不断变换的虚拟场景需求。这些需要同时性加工能力的操作，会降低认知加工过程的速度，提高对于视觉和元认知的技能的要求，从而促进儿童这方面能力的发展。教育类的游戏软件给儿童提供了丰富的选择和自由操作的机会，开放式结尾的软件允许儿童做出自己的决定，他们会形成一定的主动性，自尊水平也会有所增加，同样也有研究发现相比被动性的电视观看，具有互动性的游戏和应用对儿童执行功能的影响可能会更大。电子游戏中的亲社会或教育内容具有促进儿童认知发展的认知和社会信息特征，需要儿童积极思考并与呈现的内容进行互动，这种主动的加工模式可能有利于其注意控制的发展。

在电子媒体时间的作用方面，本研究仅发现二年级的电子游戏时间对儿童三年级注意控制的不良影响。以往有研究，比如 Gentile 等人在 2012 年以及 Tamana 等人在 2019 年的研究，表明儿童接触电子媒体的时间与儿童和青少年注意问题呈正相关。儿童二年级电子游戏的接触在一定程度上可能代替了对其注意控制发展有利的其他活动，比如户外活动、亲子活动等。本研究没有发现电视观看时长与儿童注意控制和行为抑制之间的关系。原因可能在于电视对儿童注意发展的不利影响主要发生在低龄幼儿时期或那些使用时间比较多的儿童群体中。本研究样本在一年级的电视观看时长约为 60 分钟每天，且在未来两年时间内持续下降，表明电视观看在小学生群体中的作用可能逐渐被其他电子媒体活动或者学业活动所取代。

（二）本研究的教育启示

本研究的结果提示，电子媒体包括电视和电子游戏中的不良内容会对儿童的高级认知发展产生不良的影响，且存在一个持续的交互影响作用。另外，电子游戏中的教育内容则会促进儿童注意控制的发展。因此，家长应重点关注儿童接触的电子媒体的内容，多筛选具有教育意义的内容，避免孩子接触较多的不良或危险内容（比如攻击性、节奏较快等）。其次，要关注儿童的主体性特点，认识到儿童在选择电子媒体过程中的主动性因素。值得注意的是，儿童媒体的使用时间可能是一个比较状态性的因素，易受到其他因素的影响，但是儿童对于媒体内容的接触，尤其是不良内容的接触具有较高的稳定性。因此，那些本身执行功能较差儿童的家长尤其应注重对其儿童的媒体使用行为的调节。

（三）局限与展望

本研究还存在一定的局限和不足。首先，本研究主要通过一项实验任务考察了小学儿童的执行功能在抑制控制和注意控制上的表现。执行功能作为一系列高级认知功能的综合，还包含有工作记忆和认知灵活性等方面的内容，未来研究可以进一步采用其他任务或者测量方式探索电子媒体使用对于儿童执行功能的全面影响。其次，本研究采用了父母报告获得儿童媒体使用情况，未来研究应采用更为精确的方式，比如日记法或者 App 记录法等获得电子媒体的使用情况。第三，本研究样本仅关注了小学儿童前三年的发展，以往研究提示媒体使用对儿童发展的影响存在显著的发展阶段效应，后续研究可以在更广泛的年龄群体里进行验证，以更充分地反映儿童电子媒体使用情况与执行功能的关系。最后，虽然本研究控制了儿童的性别、年龄、家庭的 SES 等可能对研究结果产生影响的重要背景变量，但是儿童电子媒体使用的其他环境，尤其是父母对儿童电子媒体使用行为的调节和控制行为将会影响媒体与执行功能的关系，未来可以进一步探索电子媒体使用背景在电子媒体使用与儿童执行功能关系中所起的作用。

五、结论

电视和电子游戏中的不良内容对儿童后期的注意控制具有削弱作用，并进一步导致儿童后期接触更多的媒体不良内容。电子游戏中的教育内容对儿童后期的注意控制具有促进作用。通过儿童的注意控制和行为抑制能预测其后期的媒体使用时间和内容。

第四章
父母媒体使用行为与儿童的执行功能

父母在育儿过程中自身的电子媒体使用情况也会对儿童的发展产生一定的影响。科技干扰（technoference）是指人们在日常交往互动中被数字科技设备打断或侵扰的现象。这种人际交往的中断或者侵扰可以发生在不同的人际互动中，如亲子之间、伴侣之间、朋友之间等等。由于数字科技设备导致的亲子之间互动的干扰或中断被称为亲子科技干扰。例如，当父母和孩子在一起就餐时突然接到一个电话，可能会中断和孩子的沟通。本章通过两项实证研究探索了父母科技干扰与儿童执行功能或注意控制发展之间的关系。

第一节 父母问题性手机使用和儿童执行功能：科技干扰的中介作用和儿童年龄的调节作用

一、引言

问题性智能手机使用是指无法控制智能手机过度使用，并伴随着对身心健康的伤害。中国互联网信息中心2022年的数据显示，截至2020年12月，中国共有9.86亿网民通过智能手机接入互联网，每天在智能手机上花费4.07小时。尽管个体对智能手机的使用有主动投入倾向，但数字技术设备的使用会造成分心、干扰和人际互动的中断。这种现象被称为"科技干扰"，在育儿过程中很常见。51.8%的中国父母在与子女互动时经常使用手机。此外，在许多家庭活动中，如吃饭时间、玩耍时间和睡觉时间，父母可能经常检查智能手机,并感觉需要对新的信息提醒做出及时回复,与他人交流和分享个人信息。

越来越多的证据将父母过度使用科技产品及科技干扰与儿童社会情绪发展联系起来,包括内化和外化症状、网络成瘾、抑郁等。尽管如此,很少有研究探讨父母问题性智能手机使用与儿童高级认知能力,如执行功能之间的联系。因此,本研究通过探讨父母问题性智能手机使用与儿童执行功能之间的关系,以及科技干扰在这一关系中的中介作用,扩展了先前的研究。我们还探讨了这些关系在不同年龄阶段的儿童中是否一致。

(一)父母问题性智能手机使用与儿童执行功能

执行功能是一种较高的认知过程,控制和协调各种过程的运作,以便以灵活的方式完成特定的目标。执行功能由许多相关成分组成,如工作记忆、抑制控制、认知灵活性、计划和问题解决。因此,执行功能技能是与学业成就和社会情绪能力相关的一系列发展领域的基础。鉴于执行功能在发展中的重要性,确定可能影响儿童执行功能表现的因素非常重要。执行功能的萌芽和发展是嵌入在儿童广阔的生态环境中的,其中亲子关系是最重要的。父母最初充当婴儿的外部调节者,他们逐渐将自我调节(包括执行功能)、注意控制和调节的注意行为传递给孩子,并促进孩子提高自我调节的能力。儿童的执行功能可能通过父母敏感性和反应性、脚手架行为(scaffolding)和将心比心(mind-mindedness)得到提升,而敌意、拒绝和消极控制(例如,严厉的纪律)则会削弱儿童的执行功能。

一些研究使用"智能手机成瘾"这一术语来描述问题性智能手机使用。虽然智能手机成瘾是否应被视为行为成瘾值得商榷,但它却表现为失控、忍耐性提高、戒断反应和消极后果等类似行为成瘾的症状。除了智能手机成瘾、反社会模式(例如,网络欺凌行为)和冒险模式(例如,开车时打电话)也被认为是问题性智能手机使用的类型。大多数关于问题性智能手机使用的测量都是基于行为成瘾的特征。我们使用"父母问题性智能手机使用"一词,主要是指父母过度使用智能手机。此外,这项研究通过家长自我报告对此进行评估。

父母问题性智能手机使用会对儿童的执行功能发展产生负向影响。首先,父母问题性手机使用反映了父母无法控制自己的手机使用情况。以往研究表明,问题性数字媒体使用，如网络成瘾、问题性智能手机使用等，与个体执行功能困难有关。因此，执行功能有困难的父母其孩子自我调节能力也可能较差。这可能是由于共有基因、环境或基因—环境交互作用造成的。第二，根据替代理论（displacement theory），在智能手机上花费更多时间的父母会花费更少的时间与孩子进行非屏幕式的家庭活动，如亲子对话和游戏，而这些活动对儿童执行功能发展是有利的。第三，父母作为儿童主要的社会化代理人可以向儿童示范特定的调节策略。然而，父母不能控制他们的电话使用，并没有给孩子机会看到父母使用积极的调节策略来发展必要的执行功能技能。例如，当父母在晚餐时经常使用他们的智能手机，很难期望孩子在吃饭时不随意跑动。

（二）父母问题性智能手机使用、科技干扰与儿童执行功能

将父母问题性智能手机使用与儿童执行功能联系起来的另一个可能机制是通过"科技干扰"。父母科技干扰或父母屏幕分心（parental screen distraction，PSD）是指"父母或照料者由于使用电子设备而从执行与父母角色相关的行为中分心"。

基于以下原因，我们提出科技干扰可以中介父母问题性智能手机使用与儿童执行功能之间的关系。首先，表现出问题性智能手机使用的父母存在不脱离手机的倾向，他们很容易被智能手机分心和打扰，并倾向于在亲子互动期间频繁使用手机。此外，尽管到目前为止还没有研究直接探讨父母的科技干扰对儿童执行功能的影响，但许多先前的研究表明，科技干扰的存在与儿童的焦虑和抑郁、智能手机成瘾、学业倦怠和问题行为有关，这些行为与儿童的执行功能密切相关。

父母的科技干扰有可能通过多种途径对儿童的执行功能产生消极影响。根据多任务理论，个体注意的认知资源是有限的，不同的认知活动需要不同的注意资源。当进行多任务时，智能手机将父母的注意力从孩子身上转移到手机使用中，使其无法完全沉浸在亲子互动中，导致他们忽视孩子的需求或者对孩子需求反应较慢。父母报告说，他们很难在使用移动设备和照顾孩子之间切换，在不使用智能手机的情况下，他们感觉更专注于孩子。此外，观察性研究表明，父母手机使用与更少的言语互动、更少的父母反应性有关，有时甚至与更严厉的父母反应相关。一些综述研究认为，在亲子互动过程中，父母的智能手机使用与对孩子的注意寻求信号的不敏感和缺乏反应有关，这会进一步导致低质量的亲子互动。

此外，智能手机使用导致父母注意力突然从孩子身上撤离，会将父母认为屏幕活

动更重要、优先于其他活动的信息传递给孩子。这会降低儿童对父母情感温暖的感受。此外,当父母通过使用手机与儿童拉开距离时,儿童可能会表现出问题性的注意寻求行为。而这些行为可能会进一步导致父母的激惹、攻击或严厉的反应,这将阻碍儿童执行功能的发展。

(三)儿童的年龄和不同的执行功能成分的作用

虽然有证据表明,父母对电子产品的使用会随着孩子的年龄增长而增加,但很少有研究考察父母智能手机使用对亲子互动和儿童发展的影响是否因孩子的年龄而异。此外,父母在子女在场时使用智能手机的原因因子女年龄的不同而不同。孩子较小的父母通常报告使用他们的手机来寻求信息、社会支持或出于无聊。而有年长孩子的父母则表示他们在与儿童有关的情境(例如,联系教师)中更经常使用他们的手机。更为重要的是,执行功能相关脑区的功能和发育是由儿童的经验、基因以及基因与环境的相互作用共同塑造的。年龄较小的儿童更依赖于父母的敏感性和脚手架,他们比年龄较大的儿童更容易受到环境的影响,因为他们的大脑发育迅速,更具有可塑性。因此,我们假设,如果科技干扰损害了父母的敏感性和亲子互动质量,那么年幼儿童(即学龄前儿童)执行功能的发展会受到更大的影响。也有证据表明,执行功能的遗传影响从幼儿期到青春期有增加的趋势。由于亲代和子代之间存在共同的基因,所以极有可能由于父母执行功能技能差而导致的问题性智能手机使用与年长儿童(即学龄儿童)执行功能之间的直接联系比与学龄前儿童之间的联系更强。

我们还需要单独考察父母智能手机使用与儿童执行功能成分(即抑制控制和工作记忆)的关系。首先,执行功能成分具有不同的发育轨迹。抑制控制被认为是执行功能的基础成分,也是最早开始发展的。抑制能力在学龄前期表现出显著的、大幅度的提升,随后在青春期表现出较为温和的、线性的提升。然而,工作记忆从学前期到青春期呈现线性发展轨迹。在解决复杂问题时,年龄较小的儿童似乎比年龄较大的儿童更依赖抑制控制。抑制控制支持甚至支撑工作记忆。抑制控制和工作记忆都将服务于更复杂、更高级的执行功能技能,如转换、计划和问题解决。此外,父母的问题性智能手机使用和科技干扰反映了父母的执行功能较差,尤其是抑制控制能力较差,因此它们可能与儿童的抑制控制发展有更密切的关系。因此,我们推测,父母问题性智能手机使用、科技干扰和儿童抑制之间的关系对儿童年龄的依赖性较小。

(四)本研究

本研究旨在考察父母问题性智能手机使用与中国儿童执行功能不同成分(即工作记忆和抑制控制)的关系,并从亲子科技干扰的角度探讨其中的中介机制。我们还考察这些关联在不同年龄组(即学龄前儿童和小学儿童)之间是否存在差异。本研究工作将有助于丰富相关的研究领域。中国是世界上移动互联网用户最多的国家,在20~49岁的用户中,有55%的人可能是年幼子女的父母。中国文化强调家庭的作用,儿童可能会受到父母的电子设备使用的更大影响。此外,中国父母会在儿童的日常行为上对他们的自我控制提出要求,中国儿童在执行功能任务上的表现优于西方儿童。然而,该领域的先前工作主要是在西方背景下进行的。关于父母手机使用和科技干扰对中国儿童执行功能发展的影响是否一致,我们知之甚少。因此,有必要在中国开展这项工作,以考察这些关系模式在多大程度上可能具有普遍性。

以往研究表明,家庭社会经济地位(SES)、儿童性别和年龄与父母媒介使用和儿童执行功能相关。因此,在研究中加入了儿童的性别、年龄和SES作为协变量,以控制其可能产生的影响。我们预测,父母问题性智能手机使用会与儿童执行功能成分的困难程度呈正相关,并且亲子科技干扰在其中起中介作用。此外,父母问题性智能手机使用和科技干扰对学龄前儿童的影响将大于对小学儿童的影响。

二、研究方法

(一)程序和被试

本研究经作者单位研究伦理委员会批准。来自西安2所幼儿园的255名3.2~7.16岁学龄前儿童($Mage = 5.52$,$SD = 0.92$,女生占126人)和1所小学的217名7.76~8.98岁学龄前儿童($Mage = 8.29$,$SD = 0.31$,女生占99人)的家长参与了本研究。参与者是通过分发到当地学校的传单招募的。获得知情同意后,由儿童家长完成测量人口学问题、父母问题性手机使用情况、父母科技干扰和儿童执行功能的问卷。家长被要求在6点量表(从小学以下到研究生)上报告他们的教育水平。333位母亲和337位父亲具有大学学历,77位母亲和83位父亲具有研究生学历。另有46位母亲和40位父亲报告自己完成了高中阶段的学习。13位母亲和11位父亲完成了初中学业。从五个收入水平中(从3000元到20 000元)统计其家庭月平均收入。118个参与者报告其家庭月收入大于20 000元,另外229个家庭报告其家庭月收入在10 000元至20 000元之间，91个家庭报告其家庭月收入在7001元至10 000元之间，29个家庭报告其家庭月收入在3000元至7000元之间，其余5个家庭报告其家庭月收入低于3000元。

我们采用G power Version 3.1 计算所需的样本量。α 为0.05，效应量 f^2 为0.15，检验效能为0.95，检测效应所需的最小人数为138人。目前的样本量（$n = 472$）远远大于所需要的样本量。

（二）研究工具

1. 父母问题性手机使用

采用以下三个项目测量父母问题性智能手机使用：（1）当我的手机有新的信息或消息时，我会不由自主地看它；（2）我一直认为我可能会收到短信或电话；（3）我觉得我花在手机上的时间太多了。家长用6点量表（1 = 非常不同意～6 = 非常同意）评价他们的手机使用情况。所有条目得分相加，得分越高表明父母问题性手机使用水平越高。该量表的Cronbach α 系数为0.72。

2. 父母的科技干扰

采用5个题项测量父母使用电子产品如智能手机对亲子活动的干扰程度。他们是：（1）当我和我的孩子一起吃饭时，我会拿出我的电话去查询新的信息；（2）当我和孩子聊天时，我会使用我的手机或其他电子设备发送消息或电子邮件给其他人；（3）当我和孩子聊天时，如果我的电话响了或者有提醒，我会拿出来查看；（4）当我和孩子在一起的时候，我会把手机或平板电脑等移动设备拿出来；（5）当我和孩子聊天时，我会被电视内容所吸引。采用8点李克特式量表（0 = 从不～7 = 每天10次以上）进行评分。将所有项目的得分相加生成被试的得分，得分越高表明父母技术干扰水平越高。该量表的Cronbach α 系数为0.81。

3. 儿童的执行功能

采用Thornell 和 Nyberg 编制的儿童执行功能量表（Childhood Executive Functioning Inventory，CHEXI）测量儿童执行功能。CHEXI包括24个条目，通过父母或教师的报告来评估儿童的执行功能。回答采用5点李克特量表（1 = 不太好到5 = 很好）进行评分。较高的分数反映了执行功能较高的困难程度。此外，CHEXI已被翻译成多种语言（包括中文），并在许多研究中使用。研究者可以直接从CHEXI网站（www.chexi.se）下载调查问卷和评分方法。CHEXI测量了四种执行功能成分：工作记忆、计划、抑制控制和管理。4个成分汇聚成2个维度。具体来说，将工作记忆和计划分量表整合为工作记忆分量表，将抑制控制和管理分量表整合为抑制控制分量表。在本研究中，两个分量表的Cronbach α系数分别为0.89和0.84，总量表的Cronbach α系数为0.92。

（三）数据分析

采用Hayes开发的SPSS宏PROCESS对中介和有调节的中介模型进行检验。PROCESS使用bootstrap法估计中介效应的置信区间。如果中介效应的95%置信区间（CI）不包括0，则表明中介效应在 $\alpha = 0.05$ 水平上有统计学意义。在本研究中，bootstrap样本数为5000。

三、结果

（一）描述性统计和相关性分析

主要变量的描述性特征和相关性如表4-1-1所示。结果表明，儿童的工作记忆问题和抑制控制问题与父母问题性智能手机使用和科技干扰呈显著正相关。父母问题性智能手机使用与科技干扰呈正相关。儿童年龄和家庭社会经济地位与工作记忆问题呈负相关。

表4-1-1 主要变量的描述性分析和相关分析

变量	M	SD	1	2	3	4	5	6	7
1 儿童性别	—	—	—	—	—	—	—	—	—
2 儿童年龄	6.79	1.55	-0.03	—	—	—	—	—	—
3 家庭社会经济地位	0.00	2.26	0.03	-0.26**	—	—	—	—	—
4 父母问题性手机使用	9.94	3.41	0.03	0.03	0.06	—	—	—	—
5 父母科技干扰	10.15	5.17	0.06	0.05	0.09	0.47**	—	—	—
6 工作记忆问题	31.11	7.37	-0.03	-0.11*	-0.12*	0.22**	0.24**	—	—
7 抑制控制问题	32.38	6.56	-0.03	-0.02	-0.02	0.21**	0.20**	0.68**	—
8 执行功能问题	63.50	12.76	-0.03	-0.07	-0.08	0.23**	0.25**	0.93**	0.91**

注：*$p < 0.05$，**$p < 0.01$.

(二)中介效应检验

采用 SPSS 宏 PROCESS(Model 4)对中介效应模型进行检验。分别以执行功能得分及工作记忆和抑制控制分量表得分为因变量,考查父母问题性智能手机使用对儿童执行功能及其各成分的影响。所有分析均控制了儿童性别、年龄和家庭社会经济地位。结果表明,父母问题性手机使用对所有三种结果都有直接和间接影响,见表 4-1-2。路径系数如图 4-1-1 所示。结果表明,科技干扰可以部分中介父母问题性智能手机使用与儿童执行功能问题、工作记忆问题和抑制控制问题之间的关系。

表 4-1-2 父母问题性手机使用对儿童工作记忆问题、抑制控制问题和执行功能问题的总效应、直接效应和间接效应

效应	工作记忆问题		抑制控制问题		执行功能问题	
	Effect(SE)	95% CI	Effect(SE)	95% CI	Effect(SE)	95% CI
总效应	0.23(0.04)	[0.15, 0.32]	0.21(0.05)	[0.12, 0.30]	0.25(0.05)	[0.16, 0.33]
直接效应	0.14(0.05)	[0.04, 0.24]	0.15(0.10)	[0.05, 0.25]	0.16(0.05)	[0.06, 0.25]
间接效应	0.09(0.05)	[0.05, 0.24]	0.07(0.03)	[0.02, 0.19]	0.09(0.03)	[0.04, 0.14]

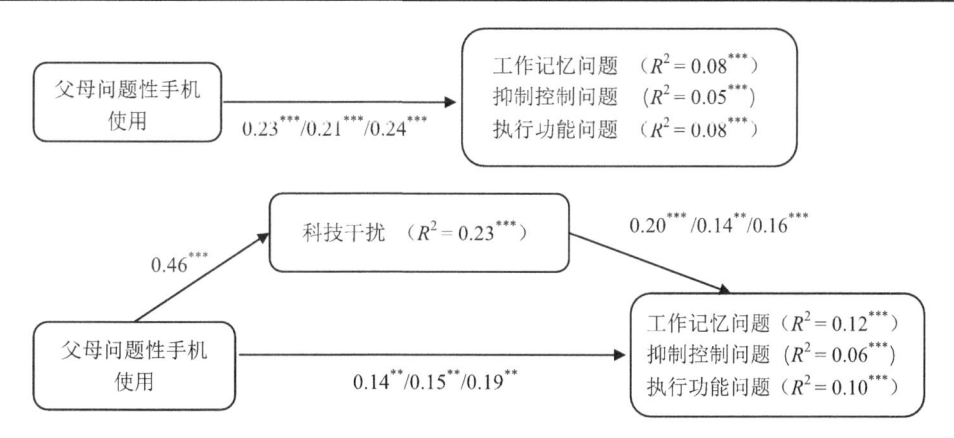

图 4-1-1 父母问题性手机使用对儿童工作记忆问题、抑制控制问题和执行功能的直接效应模型和中介效应模型图

(三)有调节的中介效应检验

使用 SPSS 宏 PROCESS(Model 59)对有调节的中介模型进行检验。执行功能及其各成分(工作记忆和抑制控制)的得分为因变量。结果发现,儿童年龄组调节了父母问题性智能手机使用对工作记忆问题的直接效应。此外,年龄组调节了父母问题性智能手机使用通过科技干扰对工作记忆问题产生间接影响的后半段路径(图 4-1-2),

即科技干扰与儿童年龄组交互影响儿童的工作记忆问题。为了更直观地呈现年龄的调节作用,将学龄前儿童和小学儿童的中介结果分别展示,见图 4-1-3a 和 4-1-3b。学龄前儿童组父母问题性手机使用通过科技干扰对工作记忆问题的间接效应大于小学儿童组。但父母问题性智能手机使用对学龄前儿童工作记忆问题的直接效应小于小学儿童。结果发现,父母问题性智能手机使用对学龄前儿童工作记忆问题的直接效应不显著。然而,年龄组并没有调节父母问题性手机使用、科技干扰与儿童抑制控制/执行功能问题之间的关系。父母问题性智能手机使用对不同年龄段儿童工作记忆问题、抑制控制问题和执行功能问题的条件间接效应和直接效应见表 4-1-3。

表 4-1-3　父母问题性手机使用对儿童工作记忆问题、抑制控制问题和执行功能问题在不同儿童组的条件直接效应和中介效应

效应	儿童年龄组	工作记忆问题		抑制控制问题		执行功能问题	
		Effect(SE)	95% CI	Effect(SE)	95% CI	Effect(SE)	95% CI
直接效应	幼儿	0.01(0.07)	[-0.13, 0.14]	0.11(0.07)	[-0.03, 0.25]	0.06(0.07)	[-0.08, 0.20]
	小学生	0.26(0.07)	[0.13, 0.40]	0.20(0.07)	[0.06, 0.34]	0.26(0.07)	[0.12, 0.39]
中介效应	幼儿	0.17(0.04)	[0.10, 0.26]	0.07(0.03)	[0.01, 0.14]	0.13(0.04)	[0.07, 0.21]
	小学生	0.06(0.03)	[0.003, 0.12]	0.07(0.04)	[0.01, 0.15]	0.07(0.03)	[0.01, 0.14]

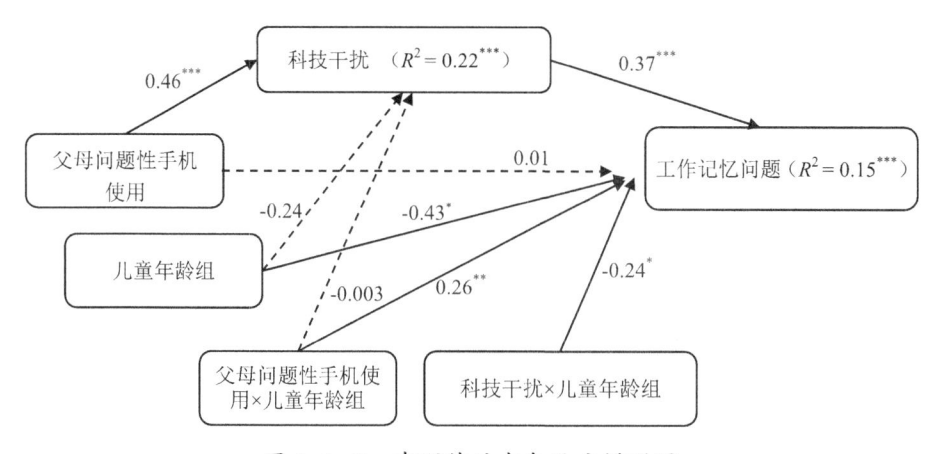

图 4-1-2　有调节的中介效应模型图

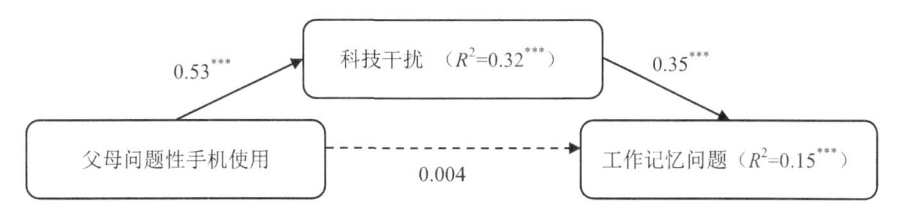

图 4-1-3a　父母问题性手机使用通过科技干扰对幼儿园儿童
工作记忆问题的中介作用模型图

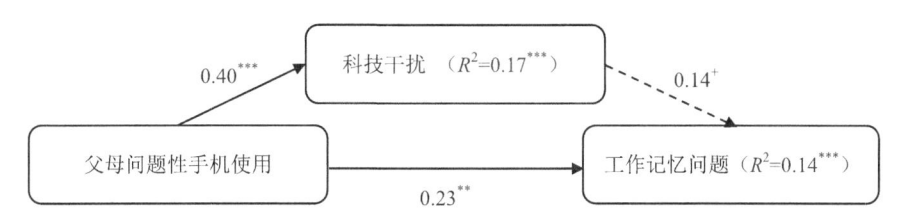

图 4-1-3b　父母问题性手机使用通过科技干扰对小学儿童工作记忆
问题的中介作用模型图

注：$**p<0.01$，$***p<0.001$，$+p=0.057$。图中展示的是标准化的系数，模型分析时控制了儿童的性别、年龄和家庭社会经济地位，为了模型简洁，并未在模型图中显示。

四、讨论

本研究是为数不多的考察中国儿童父母媒介使用和行为与儿童高级认知能力之间关系的研究之一。研究通过考虑科技干扰作为父母问题性智能手机使用和儿童执行功能问题之间的中介变量，并通过测试这些关系在不同年龄段是否一致，扩展了早期的工作。结果发现，父母问题性智能手机使用与儿童执行功能困难呈显著正相关，父母问题性智能手机使用与儿童执行功能问题之间的关系部分是由于亲子互动中的科技干扰。此外，父母问题性智能手机使用、科技干扰和儿童工作记忆问题之间的关系受到儿童年龄的调节。

有问题性智能手机使用的父母在亲子活动中会更频繁地进行智能手机使用。在这个不断发展的信息社会中，家庭中的媒介使用已经成为一种普遍现象。在面对面的亲子互动中，移动设备的使用会造成干扰、分心和中断。因此，家庭中积极的媒介使用方式应鼓励父母首先评估自己的媒介使用情况，进而提升他们意识到因媒介使用而导致的亲子互动潜在的分心和中断。

本研究最新发现了父母问题性智能手机使用通过亲子互动中科技干扰对儿童执行

功能问题的直接和间接关系。虽然本研究没有直接进行检验，但越来越多的研究表明，由于科技干扰而频繁中断亲子互动，可能会导致亲子互动减少，使父母对孩子的要求敏感度和反应性降低，有时父母对孩子的沟通尝试也会产生更严厉的养育反应。当父母被电子设备分散注意力而无法全身心投入到亲子互动中时，儿童会体验到消极情绪，有时会故意制造喧哗吸引父母的注意。不仅如此，分心的父母可能对孩子的暗示和需求的觉察更少，对这种需求的解释也更不准确。他们可能会对孩子的要求做出延迟的、不太合适的甚至是攻击性的反应。父母敏感性和反应性是儿童执行功能发展的重要积极因素，而粗暴养育与儿童执行功能呈负相关。父母有问题性手机使用情况的孩子存在更多的执行功能问题，这与先前关于儿童社会情绪发展的研究结果一致，并进一步深化了目前对父母媒体使用行为影响的理解。

本研究还发现，科技干扰在父母问题性智能手机使用与儿童工作记忆困难关系中的中介作用存在年龄差异。具体来说，对于学龄前儿童，科技干扰在这些关系中起完全中介作用；但对于小学儿童，科技干扰起到了部分中介作用。也就是说，父母问题性智能手机使用对学龄前儿童工作记忆的负面影响更多是由于亲子互动中的科技干扰造成的。除了父母问题性手机使用通过科技干扰对小学儿童工作记忆产生间接影响外，父母问题性手机使用也会对儿童的工作记忆产生直接的负面影响。这个结果可能是由于以下几个方面的原因。首先，年龄较小的儿童比年龄大些的儿童更依赖父母来支持他们工作记忆的发展。因此，他们很可能对科技干扰对亲子互动的负面影响更为敏感。第二，随着孩子的成长，父母与孩子相处的时间相对较少。因此，对于年龄较大的儿童来说，如果这种宝贵的家庭活动时间被父母有问题的智能手机使用所取代，那么他们的工作记忆发展就会受到影响。第三，也许工作记忆中的基因/遗传成分会对年长儿童产生影响，这解释了当年长儿童较少需要父母脚手架时更强的直接联系。

最后，本研究发现年龄组只能调节父母问题性智能手机使用、科技干扰和儿童工作记忆之间的关系，而不能调节这些变量与抑制控制的关系。这可能是由于这些执行功能成分的发育轨迹不同造成的。相关分析显示，工作记忆困难与儿童的年龄呈显著负相关，这与先前的研究一致，即随着年龄的增加，执行功能困难的报告减少，而抑制控制困难没有。这可能部分归因于儿童抑制能力发展较早且发展较快。另一种可能性是，由于中国文化对自我调节技能的强烈强调，中国儿童的执行功能困难，特别是抑制问题会被夸大。因此，我们在目前的样本中没有发现明显的抑制控制问题下降趋势。这种相对稳定的抑制控制发展趋势可能暗示了家庭环境因素对学龄前儿童和小学生具有相似的影响。也许在其他年龄组的检验中可以发现这种调节作用。未来的工作需要进一步探讨儿童年龄在父母科技使用与儿童特定执行功能成分之间关系中的作用。

本研究采用有调节的中介模型，验证了父母问题性智能手机使用是否与儿童执行功能问题有关，并考查了父母科技干扰和儿童年龄在这一关系中的作用。本研究关注了父母媒介使用对儿童执行功能问题的影响，为科技干扰对儿童认知发展的影响提供了新的证据，丰富了电子媒介领域的研究。关于教育和临床方面的应用价值，建议父母对自己的移动设备使用和使用设备时的注意力转移有足够的认识，尤其是在孩子面前。家长需要充分认识到自身移动设备的过度使用会对亲子活动产生不良影响。但是，并不是所有形式的移动技术都是有害的。技术可以为个体和人际关系提供多种有利条件。研究者和教育者应该帮助家长认识到，媒介使用的效果取决于技术的使用方式。帮助家长养成"健康的数字习惯"，包括为他们的智能手机和移动设备使用建立明确的使用界限，比如设定非屏幕时间和非屏幕区域。

本研究存在以下几个方面的局限性。首先，自我报告的数据可能存在报告偏差。社会称许性可能影响父母如实报告自己或孩子行为困难。此外，3个题项量表可能无法捕捉到家长问题性智能手机使用的全貌，家长自身对智能手机使用时间的主观评估可能并不等于实际的问题性使用。未来的研究可以考虑使用更客观的方法来研究父母智能手机的使用和科技干扰，例如使用记录智能手机使用频率和时长的App，或者使用基于视频的客观观察来准确记录相关信息，以增加数据的真实性和可靠性。第二，样本的社会经济地位处于中等偏上水平。对于来自不同生活环境和经济背景的群体，数字媒体使用和科技的影响可能存在差异。因此，本研究的可推广性需要使用更为多样的样本进行检验。第三，科技干扰的程度可能与父母陪伴孩子的时间有关，这在研究中没有测量。通常情况下，中国儿童有非常相似的日程安排，父母与儿童相处的时间很可能是比较同质的。最后，我们的研究采用了横断面设计，不能揭示变量之间的因果关系。先前McDaniel和Radesky的纵向研究表明，儿童的外化行为与科技干扰之间存在双向关联。感知到孩子有更多行为失调的父母可能会在亲子活动中使用数字技术作为应对养育压力的手段，而科技干扰反过来又会对父母养育和儿童发展产生负面影响。未来的研究可以考虑采用纵向设计和实验设计来进一步验证这些关系。

五、研究结论

本研究是为数不多的通过聚焦亲子活动中科技干扰的中介作用以及儿童年龄的调节作用来考察父母媒介行为与儿童执行功能之间作用机制的研究之一。结果显示,父母移动设备使用可能通科技干扰负向影响儿童的高级认知能力,且这种关系在不同年龄阶段存在差异,这为父母媒介行为对儿童认知发展的影响提供了新的证据和有价值的信息。

第二节 父母科技干扰与教养行为交互预测儿童注意控制

一、引言

注意控制是指个体集中、维持和转换其注意的能力。个体内反应时变异(Intraindividual Reaction Time Variability,IIRTV)是衡量个体注意控制水平或注意稳定性的一个主要指标。研究者通常采用个体完成认知任务过程中试次间反应时的变异性来对其进行评估。注意控制在儿童的适应性发展中起着重要的作用。注意控制较好的儿童能更好地抑制无关信息的干扰,抑制占优势地位的反应倾向。他们可能在认知任务、学习任务甚至社会—情感互动中表现更好。相比之下,注意控制不良的儿童与更高水平的心理病理问题有关,包括攻击性行为、注意缺陷多动障碍(ADHD)、焦虑和抑郁症状。儿童时期是注意控制发展的关键期。这种发展离不开家庭环境。因此,考察家庭因素是如何相互作用来预测儿童该阶段的注意控制发展具有重要意义。父母教养行为是与儿童注意力控制相关的最重要因素之一。科技干扰是育儿过程中的常见现象,它是指由数字技术设备引起的分心或中断,可能导致儿童的非适应性发展。此外,科技干扰可能会削弱积极的父母教养行为,并与消极的父母教养行为相关。然而,尚未有研究直接考察科技干扰和以 IIRTV 为指标的儿童注意控制两者之间的关系。至于科技干扰是否与父母教养存在交互作用来预测儿童的注意控制,尚不得而知。因此,本研究试图对这些问题进行考察。

(一)注意控制和 IIRTV

IIRTV 指个体执行认知任务时试次间反应时的变异性,被公认为是衡量中枢神经系统功能是否稳定的指标。IIRTV 在人一生中的变化趋势呈 U 型曲线。在执行认知任务时，较小的 IIRTV 反映了较高的注意控制性。更大的 IIRTV 反映了更低的注意控制性。在非典型发育人群的大量研究中表明，IIRTV 增大是许多神经精神疾病的特征，其中包括注意力缺陷多动障碍（ADHD）、自闭症谱系障碍（ASD）、帕金森病和精神分裂症。一项对正常儿童的研究也表明，学龄前儿童的 IIRTV 与认知灵活性、学龄前的学业准备和一年级的学业成绩有关。对 IIRTV 的神经机制的研究表明，脑区的异常（是指前额叶皮质和前扣带回皮质的异常）被认为是导致更大的 RT 变异性的原因。

大多数关于 IIRTV 的研究都集中在非典型发育人群或年龄更大的人群中，虽然也有一些研究调查了 IIRTV 在正常发育儿童中的作用。我们对于环境因素是如何影响儿童 IIRTV 发展的还知之甚少，本研究在该方面进行了探索。我们使用 IIRTV 作为典型发展儿童注意控制的指标，同时还考察了父母教养行为和科技干扰这些家庭因素如何相互作用于儿童的 IIRTV。

（二）父母教养行为与儿童的注意控制

家庭中的社会化过程很大程度能帮助儿童执行功能和注意控制等调节功能的发展和巩固。教养行为是指以支持、监督和管教为特征的一般教养行为，在儿童的自我调节功能发展中起着核心作用。

父母支持包括互动温暖、反应性、对子女生活和活动的情感和行为卷入，包括赞美孩子的成就和表示对孩子的喜爱。研究表明，父母的敏感性、反应性和支持有助于儿童执行功能的发展。家长监控体现在对孩子活动的监督，家长要求孩子的行为符合家庭和社会规范。适当的家长监控对儿童的发展有积极的作用，如低水平的问题行为、抑郁症状和较好的自我调节。如果在家中缺乏规则、要求和边界，并不利于儿童进行自我调节。当孩子行为不端时，不同家长会采用不同的管教方式，如果采用非强制性的方法，比如积极的归因，将有利于儿童的适应性发展。但如果采用严厉的管教方式，将产生不利结果，如孩子出现攻击行为、品行问题和过激行为，也可能降低孩子的执行功能和注意控制水平。

上述综述表明，最佳的父母教养行为包括父母以积极、温暖、情感、指导和监督的方式与儿童交往。教养行为不应该是侵入性的，也要同时激励孩子自主监管，父母向孩子提出合理的要求，避免严厉的惩罚。这样能够培养孩子高水平的自我调节能力。这种自我调节能力也包括注意控制。

当前尚未有研究直接考察父母教养行为与以 IIRTV 为指标的儿童注意控制之间的

关系。本研究中，我们假设消极教养行为，如监控不良、体罚等，与儿童注意控制不良（即较大的IIRTV）正向关联。相反，积极的教养行为，如父母参与，与儿童更好的注意控制（即较小的IIRTV）相联系。

（三）科技干扰与儿童的注意控制

科技干扰指数字或移动技术设备干扰或中断人际互动。育儿过程中的科技干扰是一种普遍现象，这主要是因为移动设备的广泛使用和育儿压力。当父母沉浸于手机时，他们会减少与孩子的言语互动、对孩子的回应，有时甚至会对孩子做出更严厉的回应。这可能会增加儿童的注意寻求行为，降低亲子关系满意度。此外，质量较差的亲子关系不利于儿童的注意控制发展。已有研究发现，在亲子关系中感知到更多科技干扰的儿童表现出更高的注意控制困难。在亲子互动中，注意控制不良的儿童可能会引发消极的父母反应，这可能进一步加重儿童的注意问题。此外，科技干扰可能反映了父母在亲子互动过程中对技术产品使用的自控力不足。先前的研究也表明，父母执行功能困难与数字媒体使用和科技干扰态度呈正相关。父母将包括执行功能、注意控制和调节注意行为在内的自我调节能力传递给子女。因此，在执行功能和注意控制方面有困难的父母也会有自我调节能力较差的孩子。这可能是共享基因、环境或基因—环境相互作用的结果。最后，科技产品可能会分散儿童的注意力。有研究表明，仅凭手机的存在就可能干扰和影响注意的表现。可能是因为手机具有抢夺注意的优势性，而人的注意资源是有限的，手机的存在可能减少个体用于目标任务的注意资源。儿童的注意正处于发展的阶段，他们可能更容易被父母的手机所吸引，从而影响他们进行目标的行为或任务，并进一步产生注意发展问题。

（四）父母教养行为、科技干扰与儿童的注意控制

注意控制等复杂认知系统的发展不能用单一因素的影响来解释，更多是影响因素间相互作用决定的。根据布郎芬布伦纳的生态系统理论，家庭过程（如父母行为）与环境因素（如父母的媒体使用情况）总是相互作用的，从而共同影响儿童的发展。因此，儿童注意控制的发展会受到父母教养行为及其环境条件的影响。

科技干扰不仅可能对儿童的注意控制产生直接的不利影响，也可能降低积极教养行为的积极效应，放大消极教养行为的消极效应。育儿期间移动设备的使用分散了父母对子女的注意力，让父母不能完全沉浸在亲子互动中，他们可能会反应更慢，甚至

会忽视孩子的需求。父母在亲子互动过程中因移动设备使用而导致注意力的突然撤离是儿童注意控制发展的不利因素。此外，儿童在试图重新获得父母的注意时，可能表现出问题性的注意寻求行为，这可能会引发父母的愤怒、严厉或攻击性反应。家长过度使用或误用移动技术设备会降低对孩子的敏感性和反应性，可能引发愤怒和严厉的教养行为，也可能导致监督和监管的缺失。综上，本研究推测科技干扰会与父母教养行为交互影响儿童注意控制的发展，尽管迄今为止还没有研究详细考察这一问题。

（五）本研究

在已有研究的基础上，本研究旨在考察科技干扰、父母教养与儿童注意控制之间的关系。本研究假设，消极教养行为与儿童较差的注意控制（即较大的 IIRTV）相关。积极的教养行为与儿童更好的注意控制（即较小的 IIRTV）相关。此外，科技干扰与儿童较差的注意控制相关。科技干扰与父母教养行为存在交互作用，共同预测儿童的注意控制。具体来说，科技干扰会加剧消极教养行为的不利影响，也削弱了积极教养行为的积极作用。有研究表明，年龄、性别与 IIRTV 的注意控制指标之间存在显著相关。因此，在研究中将性别和年龄作为控制变量。

二、材料与方法

（一）研究对象与程序

预先计算出所需的最小样本量，以进行统计分析。由于进行了分层回归分析，最多包括 11 个预测因素。其中包括性别、年龄、四种教养行为、科技干扰以及科技干扰与教养行为的交互项。检验的预测因子的数量最多为 5 个，因此，至少需要 138 名被试才能满足中等效应量（$f^2 = 0.15$）和 0.95 统计功效的标准。本研究采用方便抽样法，选取西安市一小学 191 名 8~10 岁儿童（$M_{age} = 9.29$，$SD = 0.31$，女生为 91 名）及其家长参与本研究。在家长会期间，我们在班主任的协助下向家长发放了知情同意书。家长（母亲为 117 名）提供了知情同意书并回答了关于他们的人口统计学信息、父母教养行为和科技干扰的问卷。由经过培训的研究人员在学校安静的房间里对儿童进行逐一评估。提供子女数量信息的父母有 140 人，其中有 82 个为独生子女家庭。144 名家长提供了年龄信息，父亲的平均年龄为 38.5（$SD = 3.6$），母亲的平均年龄为 36.6（$SD = 3.2$）。提供父母学历和家庭收入的有 177 人，具体情况见表 4-2-1。

表 4-2-1　参与家庭的人口学信息

项目	类型	人数（个）
父亲学历	文盲	0
	小学	1
	初中	10
	高中	27
	大专/本科	122
	硕士研究生	17
	博士研究生	0
母亲学历	文盲	0
	小学	2
	初中	9
	高中	34
	大专/本科	117
	硕士研究生	14
	博士研究生	1
家庭月收入	<¥3,000	2
	¥3 000～¥7 000	16
	¥7 001～¥10 000	42
	¥10 001～¥20 000	72
	>¥20 000	45

（二）研究方法

1. 父母教养行为

中文版阿拉巴马育儿问卷（APQ-CV）由 Zhao 等修订（2017），在中国样本中被证明具有较好的信度和效度。修订后的 APQ-CV 有 4 个分量表：积极养育（6 个项目，例如，我赞扬我的孩子，如果他/她表现良好）、父母参与（9 个项目，例如，我和孩子一起玩游戏或做其他有趣的事情）、不良监控（10 个项目，例如，孩子和我不认识的朋友外出）、体罚（3 个项目，例如，当我的孩子做了错事，我会用手打孩子）。每个项目采用 5 点计分［从 1（=从不）到（5=总是）］。各分量表的总分通过对其所有条目求和得到，总分越高，越能反映该维度的特征。4个分量表的Cronbach α系数分别为0.80、0.73、0.79和0.70。

2. 科技干扰

采用5个题项测量包括手机在内的不同类型电子设备对亲子活动的干扰程度。电子设备包括：电视机、计算机、平板电脑、电子游戏控制台等（例如，在与孩子的交谈或活动中，你经常被手机打扰或打断，例如短信、电话或其他手机活动）。采用［从0（=从不）到5（=总是）］五点计分进行评价。将所有项目得分相加，得分越高表明科技干扰的程度越重。该量表的Cronbach α系数为0.84。

3. 注意控制

儿童注意控制能力采用两个经典的计算机化任务中进行评估：go no-go 任务和心花任务。任务通过 E-Prime2.0 进行管理，安装在14英寸（0.3556米）电脑上，电脑放置在距离儿童约60厘米处。

go no-go 任务刺激由一个正方形（go 刺激）和一个圆形（no-go 刺激）组成。每次实验开始时，在计算机屏幕中央呈现一个注视点，持续时间为1000毫秒。然后，目标刺激出现200毫秒，刺激间的时间间隔为1800毫秒。儿童需要在看到方块后立即按下空格键，而在看到圆形时不做按键反应。任务由练习阶段和实验阶段组成，练习阶段包括20次刺激，其中 go 刺激和 no-go 刺激各半。实验阶段包含2个组块，共160次刺激，其中80%为 go 刺激。儿童可以在两个组块之间休息30秒。

在心花任务中，电脑屏幕的中心首先呈现500毫秒的注视点。然后在屏幕的左侧或右侧出现一颗红心或一朵红花，呈现时长为1000毫秒。当儿童看见红心时，需要按与红心同侧方向的"z"或"m"键。当屏幕上出现红花时，儿童则需要按与红花方向相反的"z"或"m"键。任务包含3个固定顺序的阶段：不一致（即红花）、一致（即红心）和混合条件。一致条件和不一致条件各20个试次，混合条件共40个试次。每个试次的刺激随机呈现给儿童。每个组块以指导语和练习开始。被试在练习阶段的4次练习中获得至少3个正确的反应，才能进入正式测试。如果他们没有做到这一点，则再次对其指导，并重新练习。

通过计算 go no-go 任务中每个儿童在正确的 go 试验中平均反应时（RT）的标准差来评估其 IIRTV。通过计算每个儿童在不同条件下（不一致、一致和混合条件下）正确平均反应时的标准差来评估儿童在心花任务中的 IIRTV。这些测量允许我们在考虑每个儿童的平均反应时间的情况下评估儿童的反应时变异性。

（三）数据分析

首先，我们使用 SPSS 25 进行描述性统计检验和相关性分析。然后，采用分层回归分析检验父母教养行为、科技干扰以及二者的交互作用与儿童注意控制的关系。最后，使用简单的斜率检验来检查交互作用的性质。

三、研究结果

（一）描述性统计相关性分析

研究变量之间的描述性统计和双变量相关性如表 4-2-2 所示。4 个 IIRTV 指标间均呈显著正相关。go no-go 任务中 IIRTV（即 Go_IIRTV）与性别呈显著正相关。男生的 IIRTV 大于女生。Go_IIRTV 与体罚和科技干扰呈正相关。心花任务中不一致条件的 IIRTV（即不一致_IIRTV）与科技干扰呈显著正相关，然而，它与父母参与呈负相关。在心花任务中一致性条件的 IIRTV（即一致_IIRTV）与不良监控、体罚和科技干扰呈显著正相关。然而，它与儿童的年龄呈负相关。心花任务中混合条件的 IIRTV（即混合_IIRTV）与儿童年龄呈显著负相关。此外，科技干扰与父母不良监管呈显著正相关。

（二）回归分析

对每个 IIRTV 指标（结果变量）都进行了 4 个单独的分层回归分析，以检验父母教养和科技干扰的直接效应和交互效应（结果见表 4-2-3）。在四个模型中，首先将儿童的年龄和性别作为控制变量，对 4 种教养行为和科技干扰进行标准化处理。随后，将其放入模型来检验其主效应。最后，将标准化教养行为与科技干扰的乘积交互项放入回归模型。R^2 的变化被用来评估在控制了上一步的变量之后，所检测变量的独特贡献。这些模型的 VIF 在 1.01~2.30 之间，均低于推荐水平（VIF<3）。这些模型的 Durbin-Watson 检验统计量 d 值均在 2 左右，表明回归误差为独立随机变量。回归标准化预测值与回归标准化残差的散点图显示，观测值大部分在 ±2SD 范围内，呈随机散点分布。这表明模型并没有违背方差齐性的基本假设。

科技干扰和教养行为预测儿童 IIRTV 的分层回归分析结果见表 4-2-3。在模型 1 中，儿童的性别与 Go_IIRTV 呈显著正相关，而儿童的年龄与 Go_IIRTV 呈显著负相关。父母教养行为和科技干扰解释了 Go_IIRTV 变异的 7%，体罚和科技干扰与 Go_IIRTV 呈显著正相关，Cohen f^2 = 0.08。此外，父母参与和积极教养与科技干扰存在交互作用，交互项额外解释了 Go_IIRTV 方差的 6%，Cohenf^2 = 0.08。在模型 2 中，科技干扰与不一致_IIRTV 呈边缘显著相关，父母参与和不良监督与科技干扰存在交互作用，交互项额外解释了不一致_IIRTV 变异的 8%，Cohenf^2 = 0.10。在模型 3 中，儿童年龄与一致性_IIRTV 显著负相关，父母教养行为和科技干扰解释了一致_IIRTV 的 7% 的变异，其中科技干扰与一致_IIRTV 呈显著相关，Cohenf^2 = 0.08。此外，不良监督与科技干扰交互项解释了一致_IIRTV 变异的 7%，Cohenf^2 = 0.09。在模型 4 中，儿童年龄与混合_IIRTV 呈负相关，父母参与和积极教养与科技干扰的交互项额外解释了混合_IIRTV 方差的 7%，Cohenf^2 = 0.08。Cohen 提出 f^2 值等于 0.02、0.15 和 0.35 分别对应效应值的小、中、大。教养行为、科技干扰及其交互作用对 IIRTV 的效应量均为中小效应。

表 4-2-2　研究变量之间的描述性统计和双变量相关性

变量	1	2	3	4	5	6	7	8	9	10	11
1. Go_IIRTV	—	—	—	—	—	—	—	—	—	—	—
2. 不一致_IIRTV	0.23**	—	—	—	—	—	—	—	—	—	—
3. 一致_IIRTV	0.33**	0.29**	—	—	—	—	—	—	—	—	—
4. 混合_IIRTV	0.33**	0.36**	0.23**	—	—	—	—	—	—	—	—
5. 儿童年龄	-0.13	-0.14	-0.18*	-0.19*	—	—	—	—	—	—	—
6. 儿童性别	0.24**	0.02	-0.03	0.08	0.07	—	—	—	—	—	—
7. 父母参与	0.01	-0.19*	-0.14	-0.10	-0.03	-0.05	—	—	—	—	—
8. 积极教养	-0.10	-0.11	-0.12	-0.08	-0.05	-0.17*	0.66**	—	—	—	—
9. 不良监督	0.12	0.11	0.16*	-0.003	0.01	0.17*	-0.45**	-0.37**	—	—	—
10. 体罚	0.23**	0.14	0.18*	0.10	-0.02	0.18*	-0.34**	-0.40**	0.32**	—	—
11. 科技干扰	0.17*	0.18*	0.20**	0.01	-0.03	0.05	-0.10	-0.08	0.19**	0.06	—
M	117.84	107.71	79.51	123.72	9.29	—	33.05	23.33	17.51	5.12	5.78
SD	43.47	31.96	32.71	29.19	0.31	—	4.11	3.45	4.83	1.84	4.4

注：* $p < 0.05$，** $p < 0.01$. 性别编码 0 = 女生，1 = 男生。

表 4-2-3　父母教养行为和科技干扰对儿童 IIRTV 的分层回归分析

—	Model 1: go_IIRTV		Model 2: 不一致_IIRTV		Model 3: 一致_IIRTV		Model 4: 混合_IIRTV	
自变量	β	t	β	t	β	t	β	t
Step 1	—	—	—	—	—	—	—	—
性别	0.25***	3.56	0.02	0.27	−0.02	−0.31	0.09	1.15
年龄	−0.15*	−2.18	−0.14	−1.77	−0.18*	−2.42	−0.19*	−2.48
ΔR^2	0.08***	—	0.02	—	0.04+	—	0.04*	—
F Change (df)	8.19(2, 188)	—	1.59(2, 167)	—	2.99(2, 167)	—	3.64(2, 167)	—
Step 2	—	—	—	—	—	—	—	—
PI	0.16	1.70	−0.19	−1.77	−0.03	−0.27	−0.12	−1.14
PP	−0.08	−0.82	0.04	0.38	−0.02	−0.20	−0.01	−0.06
PM	0.04	0.45	−0.02	−0.25	0.09	0.96	−0.10	−1.07
CP	0.20**	2.61	0.08	0.94	0.15	1.75	0.06	0.69
科技干扰	0.14*	2.02	0.15+	1.96	0.15*	2.02	−0.01	−0.13
ΔR^2	0.07*	—	0.06+	—	0.07*	—	0.02	—
F Change (df)	2.94(5, 183)	—	2.26(5, 162)	—	2.71(5, 162)	—	0.67(5, 162)	—
Step 3	—	—	—	—	—	—	—	—
科技干扰 × PI	0.32***	3.51	0.32***	2.90	0.20	1.85	0.32**	2.84
科技干扰 × PP	−0.24*	−2.45	−0.14	−1.26	0.08	0.68	−0.29**	−2.61
科技干扰 × PM	0.09	1.04	0.29**	3.30	0.28***	3.23	0.12	1.37
科技干扰 × CP	−0.04	−0.56	−0.04	−0.46	−0.04	−0.49	−0.16	−1.91
ΔR^2	0.06**	—	0.08**	—	0.07*	—	0.07*	—
F Change (df)	3.42(4, 179)	—	3.80(4, 158)	—	3.29(4, 158)	—	3.36(4, 158)	—
Durbin-Watson	1.98		1.68		2.06		1.91	

注：PI = 父母参与，PP = 积极教养，PM = 不良监督，CP = 体罚。 *$p<0.05$，**$p<0.01$，***$p<0.001$，+$p<0.06$。

(三) 简单斜率检验

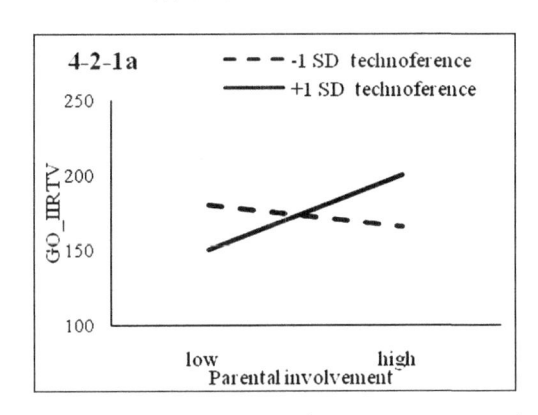

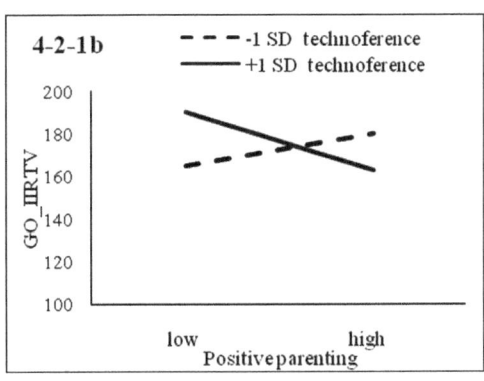

一旦确定了显著的调节关系，我们可以检查 X 和 Y 之间的关系强度如何依赖于调节变量 M 的值。简单斜率检验是检验 Y 在 M 的某个水平上对 X 的回归系数（即简单斜率）是否显著不同于零。为此，根据 M 的高中低水平将数据分组，然后分别计算 X 对 Y 回归方程。本研究比较了高（即高于均值 $1SD$）和低（即低于均值 $1SD$）水平科技干扰条件下教养行为与儿童 IIRTV 的关系。父母参与和科技干扰预测 Go_IIRTV 的交互作用见图 4-2-1a。结果表明，当科技干扰水平较低时，父母参与和 Go_IIRTV 的关系不显著（$B = -6.81$，$SE = 5.60$，$p = 0.23$）。相反，当科技干扰水平较高时，父母参与和 Go_IIRTV 呈显著正相关（$B = 21.99$，$SE = 5.93$，$p < 0.001$）。积极教养与科技干扰的交互作用见图 4-2-1b。当科技干扰水平较低时，积极教养与 Go_IIRTV 的关系不显著（$B = 7.15$，$SE = 5.69$，$p = 0.18$）。而当科技干扰水平较高时，积极教养与 Go_IIRTV 呈显著负相关（$B = -14.43$，$SE = 6.52$，$p < 0.05$）。

图 4-2-1 父母参与（a）/积极教养（b）与科技干扰交互影响 Go_IIRTV

父母参与和科技干扰预测不一致_IIRTV 的交互作用见图 4-2-2a。结果发现，当科技干扰水平较低时，父母参与不一致_IIRTV 呈显著负相关（$B = -17.84$，$SE = 5.22$，$p < 0.001$）。相反，当科技干扰水平较高时，父母参与与不一致_IIRTV 没有显著关联（$B = 5.24$，$SE = 5.473$，$p = 0.33$）。不良监督和科技干扰交互预测不一致_IIRTV 的作用如图 4-2-2b 所示。当科技干扰水平较低时，不良监督与不一致_IIRTV 呈显著负相关（$B = -10.16$，$SE = 4.43$，$p < 0.01$）。然而，当科技干扰水平较高时，不良监督与不一致_IIRTV 呈显著正相关（$B = 10.64$，$SE = 4.43$，$p < 0.05$）。

不良监督和科技干扰对一致_IIRTV 的交互作用如图 4-2-3 所示。当科技干扰水平较低时,不良监督与一致_IIRTV不相关（$B = -5.30$，$SE = 4.10$，$p = 0.19$）。然而,当科技干扰水平较高时,不良监督与一致_IIRTV呈显著正相关（$B = 15.30$，$SE = 4.61$，$p < 0.01$）。

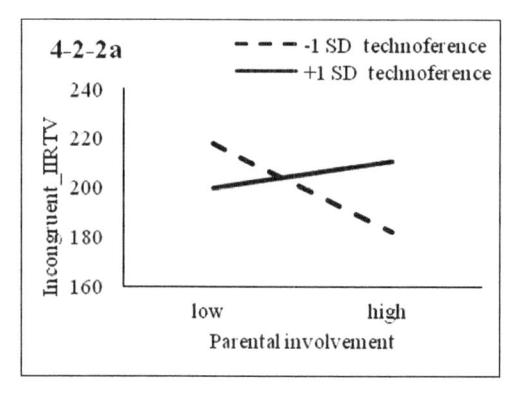

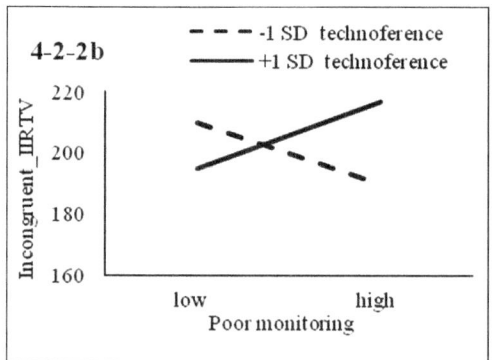

图 4-2-2 父母参与（a）/不良监督（b）与科技干扰交互影响不一致_IIRTV

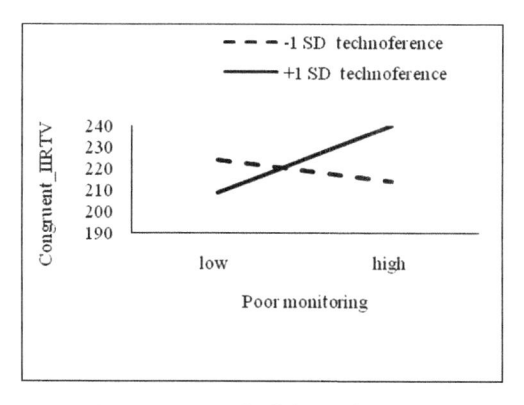

图 4-2-3 不良监督和科技干扰
对一致_IIRTV的交互作用

父母参与和科技干扰对混合_IIRTV的交互作用见图4-2-4a。结果表明,当科技干扰水平较低时,父母参与与混合_IIRTV呈显著负相关（$B = -14.20$，$SE = 4.58$，$p < 0.01$）。相反,当科技干扰水平较高时,父母参与对混合_IIRTV的相关性不显著（$B = 6.80$，$SE = 4.82$，$p = 0.16$）。积极教养和科技干扰交互预测混合_IIRTV,见图4-2-4b。当科技干扰水平较低时,积极养育与混合_IIRTV显著正相关（$B = 10.28$，$SE = 4.52$，$p < 0.05$）。而当科技干扰水平较高时,积极教养与混合_IIRTV相关不显著（$B = -9.12$，$SE = 5.10$，$p = 0.07$）。

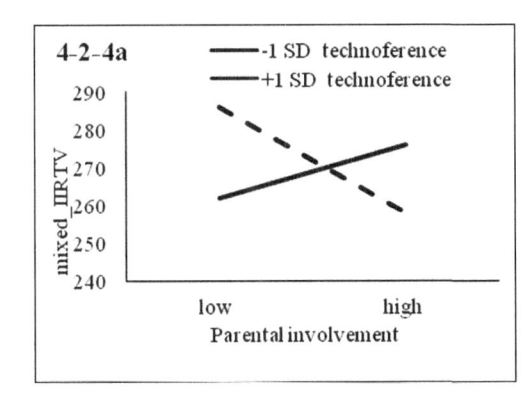

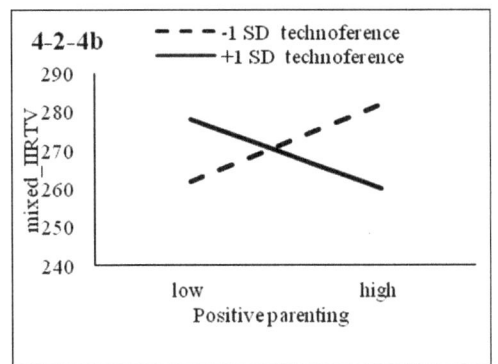

图 4-2-4　父母参与（a）/积极教养（b）与科技干扰交互影响混合_IIRTV

四、讨论

本研究考察了父母教养行为、科技干扰及其与以 IIRTV 为指标的儿童注意控制的独立和相互关系。与假设一致，消极的父母教养行为，如体罚，与儿童的 IIRTV 呈正相关。科技干扰与 IIRTV 呈正相关。父母教养行为和科技干扰对儿童 IIRTV 的影响存在显著的交互效应。具体来说，当科技干扰水平较低时，父母参与与儿童的 IIRTV 呈负相关；但当科技干扰水平较高时，父母参与和消极教养行为与 IIRTV 呈正相关。此外，当科技干扰水平较高时，积极教养与儿童 Go_IIRTV 呈负相关；当科技干扰水平较低时，积极教养与儿童混合_IIRTV 呈正相关。

父母教养行为和儿童 IIRTV 的结果与我们的预期部分一致。本研究只发现了体罚对儿童 IIRTV 的主效应显著为负。其他三种教养行为与儿童 IIRTV 的关系取决于科技干扰的水平。体罚的结果与先前的研究结果一致，与支持性教养行为相比，更容易使儿童产生情感唤醒。消极唤起的情绪使儿童难以集中注意或进行注意分配。与此类似，研究者还发现早期的负性情绪会导致他们的注意集中水平随着时间的推移而降低。社会认知理论认为，儿童的注意控制能力可能会随着父母积极控制行为而提升，也可能会被父母消极控制（如严苛的纪律）所破坏。具体来说，一些 ADHD 青少年报告与对照组相比，他们感知到的父母参与程度较低，也有更高水平的父母不良监督或监管不力。

父母在亲子互动中感知到更多的科技干扰可能与孩子的注意控制能力较低密切相关。这一结果与之前的研究一致。先前的研究也暗示科技干扰可能对儿童的注意缺陷有影响，其中科技干扰引起的消极情绪被认为是重要的影响因素。父母移动设备的使用会导致父母对儿童关注的撤离，这可能会降低儿童对父母温暖的感知，从而产生抑郁、焦虑等负性情绪，而消极情绪在抑制和注意分配的发展中可能是不利的。此外，儿童通过与父母的互动来学习和认知世界，父母是儿童自我调节的最初外部调节者和学习榜样。然而，在亲子互动过程中，父母容易被移动设备分散注意力，为儿童调节技能的发展树立了负面榜样。由于设备本身的吸引力，儿童的注意力可能会受到很大影响。

更重要的是，科技干扰与父母教养行为的交互作用于儿童的 IIRTV。具体来说，当科技干扰水平较低时，父母参与与儿童 IIRTV 呈负相关。然而，当科技干扰水平较高时，父母参与和不良监督与 IIRTV 呈正相关。因此，科技干扰可能加剧负性教养行为与 IIRTV 的关系，还可能会削弱甚至逆转积极教养行为与 IIRTV 之间的负向联系。如今，移动设备已经覆盖了我们生活的方方面面，这不可避免地影响了育儿活动。在数字化时代，孩子们与依赖移动设备的父母在一起，会受到更多的科技干扰。当亲子互动频繁地被移动设备干扰或分心时，不利于孩子注意控制的发展。此外，本研究显示，科技干扰与不良监督有关。高水平的科技干扰和高水平的不良监督不利于儿童的注意控制的发展。

一个出乎意料的发现是积极教养与科技干扰的交互作用，即当科技干扰水平较高时，积极教养与儿童 Go_IIRTV 呈负相关；当科技干扰水平较低时，积极教养与儿童混合_IIRTV 呈正相关。有以下几种可能的原因，第一，注意控制较好的儿童在父母被移动设备分心时，会表现出更少的问题性注意寻求行为，这反过来可能会引起积极的反应，如来自父母的赞扬或拥抱等。第二，一些家长可能会提供移动设备作为表扬或奖励孩子的手段。

本研究考查了父母教养行为与科技干扰在儿童注意控制发展中的交互作用。这丰富了自我调节领域的研究。此外，研究结果还为儿童提供了教育和临床启示，教养行为对儿童的成长具有重要意义。积极的教养行为能够促进儿童的注意控制，消极的教养行为增加了儿童注意控制问题出现的风险。在日常生活中，父母可以采取更多的支持态度和鼓励行为，减少体罚或过度严厉的消极教养行为。相反，作为家庭环境中的普遍现象，科技干扰不仅与儿童注意控制发展有直接的负相关，还会调节父母教养行为与儿童注意控制之间的关系。过多的科技干扰会使儿童产生孤独感，缺少温暖感。这不仅可能损害亲子关系，还可能导致消极情绪的产生和注意力控制不良问题。家长需要更多地意识到在与孩子相处时尽量减少使用手机或其他分散注意力的设备。学校或相关教育机构提供关于科技干扰或家庭媒体使用对儿童发展影响的具体方案和知识，将对家长有很大的帮助。

本研究存在一定的局限性。第一，我们使用了横断设计，不能确定效应的因果机制和方向。以往研究表明，注意控制困难儿童的父母往往有更严厉的教养行为。他们也更能容忍来自电子设备的干扰，以应对养育压力。消极的养育行为反过来又会损害儿童的注意控制发展。因此，未来的研究可以使用纵向数据来考察这些关联。第二，科技干扰和父母教养行为的测量采用了自我报告法，这可能受到社会赞许效应的影响，可能导致数据有偏。未来可能采用多主体评价方法，包括将父母评价和子女评价考虑在内，有助于增加数据的可靠性和真实性。第三，本研究采用方便抽样，样本的年龄范围相对较窄。未来的工作需要测试结果在不同样本中的可推广性。最后，本研究仅考察了科技干扰与父母教养的交互作用。儿童注意控制的发展还可能受到其他因素的影响，如自身的生理素质等。因此，在未来的研究中可以进一步考虑儿童特征的潜在作用。

五、结论

总之，本研究结果表明，科技干扰和消极教养行为与以 IIRTV 为指标的儿童注意控制呈显著正相关。此外，科技干扰与父母教养行为的交互作用与儿童的 IIRTV 有关。具体来说，当科技干扰水平较低时，父母参与与儿童 IIRTV 呈负相关；而在科技干扰水平较高时，父母参与和不良监督与 IIRTV 呈正相关。本研究表明，科技干扰不仅与儿童注意控制的发展存在直接的负相关，而且还可以调节父母教养行为与儿童注意控制的关系。

第五章
媒体多任务

第一节 媒体多任务概述

一、媒体多任务的含义及测量方式

媒体多任务指同时对多个电子或非电子媒体任务进行处理或做出反应。Wallis 总结媒体多任务具体有不同的类型：一是媒体与日常生活（如，一边准备晚饭一边打电话），二是不同媒体平台之间（如，一边浏览网页一边打电话），三是同一媒体活动或平台（如，同时浏览多个网页）。从任务切换的角度，媒体多任务可以看作是从序列任务到同时任务之间的一个序列，不同任务之间切换的时间可以从很短到很长。随着科技产品的便携化和综合化，媒体多任务变得越来越普遍。Moreno 等人发现，大学生使用互联网时，超过一半时间都在多任务处理。

Ophir 等人首先提出了媒体多任务的操作性定义，并以 MMI（Media Multitasking Index）来衡量个体的特质性媒体多任务化的倾向。通过其自编的媒体使用问卷（MUQ：Media Use Questionnaire），并使用以加权平均为基础的计算公式进行结果量化。问卷中将主要媒体工具（计算机、电视、视频游戏等）分成 12 类，问卷包括两部分，在第一部分，个体需要估计平均每天使用这 12 种媒体所花费的时间；第二部分分别回答在进行这些主要活动的时候，同时进行这 12 种活动的程度，分别从 1（从不）到 4（大部分时间总是）进行评分。使用下列公式计算 MMI：
$MMI=\sum_{i=1}^{i=10}\frac{m_i\times h_i}{h_{total}}$，其中 m_i 是指在使用一种媒体时同时使用其他媒体的频率；h_i 是

每天使用 i 媒体的时间，h_{total} 是一天内使用所有媒体活动时间的总和。在计算问卷分数时将计分转变为 0（= 从来没有），0.33（= 很少时间），0.67（= 一些时间），1（= 大部分时间）计算 MMI。

也有研究者使用媒体日记的方式，比如研究使用包括涵盖了 MUQ 的昨日重现（the Survey of the Previous Day，SPD），该问卷衡量了多种多任务形式，包括媒体多任务和非媒体多任务。使研究者回忆昨天的媒体使用情况，以及在使用这种主要媒体的时候同时进行多任务的情况。

二、个体进行媒体多任务的原因

个体进行媒体多任务的原因是多样的，既有来自个体内部的因素，比如人格特点、对媒体多任务的认知以及调节活动的原因；也有来自外部的，比如媒体使用环境、媒体任务本身的特点、电子媒体的可获得性等。

（一）外部环境因素

儿童和青少年所处的家庭环境和时代的媒体环境对他们的媒体行为会产生深远的影响。移动时代，屏幕媒体技术的迅速发展、移动媒体的普及，都使得不同媒体平台之间、同一媒体平台内部不同活动之间的切换变得更加容易。家庭的经济条件决定了儿童和青少年可以接触到的电子产品的数量和种类，从而影响儿童和青少年的媒体使用时间和方式。父母及家庭的媒体习惯和态度也会影响儿童青少年的媒体多任务情况。研究表明，处于媒体导向的家庭中，比如做家务的时候打开电视、将电脑放置在能同时观看电视的位置、在儿童的卧室中安装电视等，都会使儿童和青少年的媒体多任务行为增多。

媒体活动自身的特点也会决定个体的媒体多任务行为。个体在利用各种媒体工具尤其是计算机进行多任务操作时，并不是随意挑选两样或以上的任务同时进行，而是会根据注意中心和认知资源进行筛选和匹配。任务的匹配大多是习惯性行为和注意加工行为的结合。受到个体认知资源的限制，那些需要不同感觉通道的活动，比如听音乐更容易和其他活动一起发生。即时通信和网页浏览由于其自身的特点，也经常与其他的活动相结合。我们的研究也表明媒体多任务指数最高，最容易与其他活动一起发生的三种活动是：听音乐、面对面交流和社交网络媒体活动。结果符合"认知负荷"理论，不同的任务会对个体的认知造成不同的认知负荷，某些媒体活动更容易一起进行，是因为这些活动所造成的认知负荷没有超过个体的认知限度。音乐和面对面交谈相较于其他活动需要的是个体不同感觉通道的资源，因此他们对其他媒体活动的影响是最小的。短信、即时信息和邮件经常和其他活动一起进行是因为这些活动不需要持续的注意，它们是片段性质的，我们倾向于在和别人发短信或者在线聊天的空档进行这些活动。另一方面，由于玩电子游戏本身就是一项多任务，个体需要监测屏幕上出现的信号和图片，控制键盘和鼠标，同时有可能还要与其他的玩家进行交流，因此玩游戏除了与听音乐这种需要不同感觉通道的活动之外，很少与其他的活动一起发生。至于看电视和视频聊天的多任务情况也较低，这可能是由于计算机条件的限制，视频观看或者对话的窗口使得进行其他活动的可能性降低。

（二）个体特点因素

个体年龄会显著影响其媒体多任务的操作程度，儿童会随着其认知能力的发展，以及接触不同类型电子媒体的机会增多，并且使用时间延长等原因，媒体多任务操作的程度会随着儿童年龄的增长而提高。我们对中国青少年媒体多任务与其心理健康关系的研究中发现，青少年MMI的平均数为2.5，显著低于中国大学生和国外大学生的多任务水平。随着青少年年龄的增长，青少年有更多的机会接触不同类型的电子媒体，并且他们的执行功能也进一步发展，这为他们进行媒体多任务都提供了基础。

另外，许多学生进行媒体多任务的原因是觉得媒体多任务更加高效。他们通常将休闲娱乐活动，比如在在线聊天、浏览网页与做作业同时进行。除了认为这些活动能够帮助他们更快地完成作业，听音乐或者在线聊天也使得他们觉得枯燥的作业变得没那么枯燥。但事实上，这种边写作业边进行其他媒体活动的行为只是让他们获得了情感上的满足，他们工作效率并没有提升甚至需要花费更长的时间或者以工作质量为代价。另外一个内部原因可能是个体不希望被群体所遗漏，这种情况最经常发生在个体在工作的过程中会打开聊天工具，随时跟进朋友间的动态和进程。

人格特质如感觉寻求和冲动与媒体多任务行为相关。高感觉寻求特质的青少年倾向于选择媒体多任务，这些青少年为了避免无聊，会主动去寻求新鲜目标和刺激体验，这种心理状态使他们更愿意在一定时间内在多个任务中转换。其次，与感觉寻求相关联的冲动特质也与多任务操作行为关系密切，冲动可视作一种快速反应的倾向。另外，多项时间取向（polychronicity）也是预测媒体多任务最重要的指标。个体的时间管理能力与其多任务操作的程度呈显著负相关。

三、媒体多任务经验与对个体的影响

（一）媒体多任务对认知的影响

由于个体认知资源的限制，个体无法同时处理多个任务。因此同时处理多个任务或者在多个任务之间切换会影响认知任务正确率或者反应时的损耗。越来越多的证据表明，数字媒体多任务处理可能会对任务表现和学习产生一系列负面影响。在许多研究中，相较于按顺序执行任务，被试花更多的时间来完成同时完成的任务。在多任务处理过程中，准确性和整体表现也会受到影响。在教室里和在讲座期间使用手机或笔记本电脑对媒体用户和坐在附近的学生的学习成果均产生了负面影响。最近的一系列研究证实了高水平的社交媒体对学业参与和表现有负面影响。多任务处理似乎抑制了信息传递到短期和长期记忆，并且功能性核磁共振成像（fMRI）研究表明，多任务处理将海马体的活跃转移到纹状体的活跃。这些结构分别与解释性/陈述性和程序性记忆相关，向后者的转变显然不利于更深层次的学习。Brasel 和 Gips 的研究表明，在同时处理多个媒体任务时，青少年往往会低估任务转换的频率。这说明媒体多任务转换的发生有习惯性和无意识的成分存在。

Ophir 等人对经常进行多任务与不经常进行媒体多任务的大学生（通过 MMI 的分数划分）在三种认知任务——过滤无关信息、忽略记忆中的干扰信息、任务转换中的操作进行研究，发现 MMI 分数较低的学生的任务成绩好于 MMI 分数高的学生。表明经常进行媒体多任务的学生更容易被无关信息干扰，或者说其注意范围更广，更容易加工其他信息。研究表明，媒体多任务处理和自我报告的注意力不集中以及心不在焉均呈正相关。HMM 组频繁进行任务切换，他们的表现远低于 LMM 组。大量有关媒体多任务与学业表现关系的研究表明，媒体多任务与大学生学业成绩的关系呈现负相关。

研究媒体多任务对个体认知影响的方法通常是通过大样本施测选取经常进行媒体多任务和不经常进行媒体多任务操作的两组被试（通常以平均数上下一个标准差作为划分标准），对两组被试的认知能力，如工作记忆、干扰抑制、注意、抑制控制、认知灵活性、长时记忆等方面进行对比。Uncaphera 和 Wagner 对这方面的研究进行了详细的总结和分析。在 24 项测量工作记忆任务的研究中，其中 13 个测验使用了简单工作记忆任务，11 项使用了复杂的工作记忆任务。接近一半的研究表明，经常进行多任

务操作的个体表现比不经常进行多任务的个体差，其他的研究则没有发现两组之间表现有差异，没有一项研究发现经常进行多任务的个体表现优于不经常组。在3项有关青少年的研究中，其中2项发现了多任务与工作记忆表现之间存在负向关系。他们认为分心是造成结果差异的原因，经常进行多任务的个体更难将注意力持续集中在目标任务中，并且当注意力被其他活动分散之后更难再重新回到目标任务中。

（二）媒体多任务对情绪社会性的影响

在线聊天或者社交网站活动是一种较容易与其他活动同时发生的形式。当这些活动通过媒体多任务的形式表现出来，对于儿童青少年友谊、情绪和社会性发展的影响也是复杂的。早期研究结果表明，通过互联网等电子产品的交往会减少个体面对面的交往，从而削弱个体和社会的连接。但是后期的多项研究表明互联网或者其他电子产品是一种保持社会连接、制造新的社会关系网络的手段，它们可以促进社会交往，扩大个体的社交网络，增加个体关系间的亲密程度。更进一步的研究发现，在线交流对社会交往的促进作用有两种不同的表现方式，研究者将其概括为富者更富（rich-get-richer）和社会补偿假说（social-compensation hypotheses）。富者更富假说认为，具有更好社会网络和社交技能的个体可以从互联网交往中获得更多的益处，他们会通过互联网加强和朋友之间的沟通联系。补偿假说认为，对于线下交往有恐惧的个体，线上交流是一个更具吸引力的平台和方式，互联网能够弥补那些社会焦虑或者社会疏离个体的社交网络。与富者更富假说相对立的还有一种假说——穷者更穷（poor-get-poorer），该假说认为，那些在现实交往中处于劣势的青少年，如果将网络作为逃避现实的手段，将会造成更严重的后果，他们可能沉溺于一些网上冲浪或者玩游戏而非进行在线交流。

Pea等人研究发现，媒体多任务处理与8至12岁女孩的一系列消极的社会情绪适应结果有关（例如，感觉社交不太成功，感觉不正常，有更多的朋友被父母认为是不良影响，睡眠偏少）。对于大学生来说，即使在控制了人格特征和整体媒体使用之后，媒体多任务处理仍然是抑郁和社交焦虑的一个独特的预测因素。然而，在另一项使用前一天调查工具的研究中，参与者被要求回忆前一天每小时所做的事情，结果显示，媒体多任务处理和心理健康之间并没有显著的关系。总的来说，这些研究表明，媒体多任务处理和心理健康之间的关系尚未被充分认知。在线交流这种沟通方式本身对儿童青少年发展的影响研究获得结果也不一致。

我们关于中国青少年群体的研究发现，多任务操作与其心理健康水平呈负相关（见表5-1-1）。该研究使用了心理健康的五个方面，相关分析的结果表明，多任务与这五个方面都存在负相关。媒体多任务不仅与青少年的认知发展存在负相关，与青少年的情绪和人际交往也存在负相关。这可能有以下几个方面的原因。首先，青少年在进行在线社交的情况下，分心同时进行其他活动会削弱与他人的连接或者较低的心理健康。另外，可能在于在线社交本身就会与一些消极情绪的社会性发展相关联，又或者在线社交和媒体多任务之间存在复杂的交互作用。在不同的任务和活动之间切换会导致个体的注意力分散，而多任务又使得个体的媒体使用时间提升了好几倍。大量的研究都表明媒体过度使用跟个体的心理社会问题相关联。

表5-1-1　青少年媒体多任务指数（MMI）与其心理健康、时间管理能力的相关分析（$N = 320$）

变量	1	2	3	4	5	6	7	8
1. 情绪	—							
2. 自我评价	0.67**	—						
3. 人际交往	0.68**	0.71**	—					
4. 认知	0.58**	0.75**	0.57**	—				
5. 社会适应	0.73**	0.79**	0.68**	0.70**	—			
6. 时间价值感	0.23**	0.37**	0.29**	0.32**	0.29**	—		
7. 时间监控观	0.36**	0.60**	0.45**	0.59**	0.52**	0.60**	—	
8. 时间效能感	0.44**	0.62**	0.51**	0.63**	0.55**	0.64**	0.79**	—
9. MMI	-0.17**	-0.18**	-0.20**	-0.20**	-0.18**	-0.16**	-0.15*	-0.17**

　　我们的研究还发现，时间管理能够与媒体多任务交互预测心理健康水平（见图5-1-1）。对于时间管理能力较高的青少年来说，媒体多任务与其心理健康水平呈负相关，但是对于时间管理水平中等和较低的青少年而言，他们的多任务水平与其心理健康水平不相关。这一研究结果，与我们预期的高水平的时间管理能力会降低或消除媒体多任务的不良影响不一致。相反，研究结果表明，高水平时间管理能力使得青少年对媒体多任务的消极影响更敏感。时间管理是自我调节能力的一个重要的方面，它涵盖了一系列的时间管理行为，包括目标设定、规划制定以及时间估计。如果一个人对于自己将要完成的目标和任务有一个较好的掌握和规划，那么他可能更不容易被其他

事物分心。这与我们的研究结果相一致,那就是时间管理与多任务操作负相关。但是,媒体多任务以及青少年的媒体行为是受到多种因素影响的,比如青少年本身特点、电子媒体的可及性,以及家庭的媒体使用环境和同辈的压力等。因此,如果一个学生已经安排好了自己的学习计划,当时他的同学和好朋友正在网上热烈地讨论着如何安排周末的旅行,那么这个同学很有可能在他做作业时,将聊天窗口打开,跟踪大家聊天的进程以免感到被排斥。但是当他评估自己的作业成果的时候,他可能对自己的成果并不满意或者对于自己花费在社交网络的时间而感到后悔。这种对于时间效率的追求和由于媒体多任务分心而带来的不利之间的冲突,可能是高水平时间管理能力的青少年对媒体多任务影响更敏感的原因。

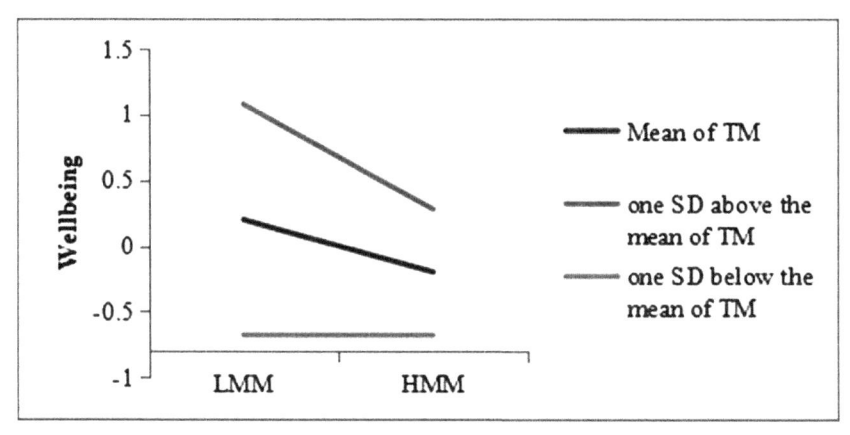

图 5-1-1 时间管理能力与多任务操作水平交互预测青少年的心理健康

注:TM=时间管理,LMM=较少的多任务操作,HMM=经常进行多任务操作。

Rosen 等人以及 Wijekumar 和 Meidinge 的研究都显示,元认知能力是影响学生在学习过程中媒体使用行为的一个重要因素。我们发现的关于时间管理对媒体多任务效果的调节作用也提示大家在使用媒体时候的行为和策略。一旦任务的目标和计划被设定了,我们最好坚持按照计划来执行而不要被其他的媒体活动分心。由于 SNS 和即时聊天以及短信等具有干扰性质,学生在学习和做作业的时候,最好关闭这些软件或者工具。

第二节 冲动性与网络成瘾的关系：手机多任务与迷走神经活动的作用

一、引言

中国互联网信息中心的数据显示，截至 2022 年 6 月，我国网民规模达 10.51 亿，网民使用手机上网的比例为 99.6%，10 岁~29 岁的网民占网民总体的 31%，网民人均周上网时长为 29.5 小时。这些数据表明，青少年和青年是网络使用的重要群体，手机已经成为重要的网络接入工具。随着互联网的普及以及数字技术的发展，年轻人可以随时随地接入网络，获取网络信息，在不同的电子设备之间切换，在不同的媒体活动之间切换，在网络和信息的海洋中汲取养料或者迷失自我。网络或电子信息技术为年轻人的生活带来了极大的便利，变革了生活、工作和学习方式的同时也带来了一些问题。

网络成瘾主要是指个体无节制地使用网络，出现影响生活、学习和工作，损害身心健康等情况。青春期和青年早期是网络成瘾的高发期，网络成瘾会给他们带来多方面的不良影响。媒体多任务是指个体同时进行不同的媒体活动或将媒体活动与日常活动同时进行的一种媒体使用方式。尽管研究结果并不一致，但有大量的研究表明，媒体多任务会损害个体的认知绩效，并且与不良的心理问题，如社交焦虑、抑郁等相关。媒体使用时间和使用方式是紧密相关的两个方面，但是尚未有研究考查网络成瘾与媒体多任务之间有关系。探索媒体多任务与网络成瘾之间潜在的关系及影响二者关系的因素，不仅能够更好地回答个体网络成瘾的机制以及媒体使用之间复杂的交互作用，对指导年轻人健康使用媒体也具有重要意义。

（一）冲动性与网络成瘾

冲动性是一种多维度的神经心理结构，指的是"不加深思熟虑就过早行动的一种行为倾向"。近年来成瘾领域越来越多的汇聚证据提示，冲动性可能是与成瘾行为密切相关的潜在神经认知标记。成瘾的双系统理论认为，成瘾是大脑反思系统和冲动系统或者说是认知控制系统和奖赏系统之间失衡的结果。相比于儿童和成人,青少年与奖赏系统密切相关的皮层下边缘区的发展过快以及与涉及认知控制相关的前额皮层发展迟滞之间的不平衡是造成青少年成瘾的高风险因素。Brand 等人(2016)提出的人—情感—认知—执行交互模型(the interaction of person-affect-cognition-execution,I-PACE)认为,个体对网络使用的认知和情感反应,加上执行控制的减少,是网络依赖的重要原因,其中执行控制的减弱是成瘾行为发展和维持的核心因素之一。个体在网络中获得的愉快体验会增强再次使用的欲望,而执行控制的损伤导致个体不能有效控制这种欲望,从而使过度使用网络成为常态,这种行为又进一步增强了执行控制能力的损伤。

高冲动性是执行控制低下的重要表现形式,因此被认为是成瘾的核心标志之一。冲动性的测量方式主要有人格量表和实验室任务。前者包括 Barratt 冲动性量表(Barratt Impulsivity Scale,BIS-11)、UPPS-P 冲动行为量表(UPPS-P Impulsive Behavior Scale)等,量表主要反映了个体冲动性人格特质的特点。实验室任务主要包括测量个体反应抑制任务(如 Stop-signal 任务,Stroop 任务等)和测量个体对待奖赏的决策和等待(如延迟折扣任务、爱荷华博弈任务等)。Cao 等人 2007 年的研究表明,网络成瘾青少年在 BIS-11 量表上的得分显著高于正常组青少年,在 GoStop 任务中不能成功抑制的反应比例更高;Meerkerk 等人 2010 年及 Li 等人 2019 年的研究发现,自我报告的冲动性水平与个体过度的网络使用和网络游戏使用呈正相关;Dong 等人 2011 年的脑成像的研究表明,网络成瘾个体涉及抑制控制的脑区与正常组的反应模式存在显著差异。

(二)冲动性与媒体多任务

伴随着信息技术的发展,单个电子媒体平台,如手机、平板电脑甚至是电视都变成一个涵盖不同媒体活动和内容的平台。手机不再是简单的通信设备,它涵盖了社会交互、休闲娱乐、信息获取以及生活购物等功能。随着这种功能的多样化,人们越来越离不开手机。手机多任务,即在使用手机的时候,同时进行其他媒体或者非媒体活动的情况越来越普遍。Sanbonmatsu 等人总结了个体进行多任务可能存在三种主要的动机:多任务带来的奖赏大于某一个活动的单一操作,多任务更有趣并更有挑战性,多任务是无法排除干扰的结果。这三种动机分别对应三种人格特质:冲动性、感觉寻求和低认知控制。实证研究也表明,自我报告的冲动性水平与媒体多任务显著正相关,执行控制能力与媒体多任务显著负相关。

（三）网络成瘾与媒体多任务

尚未有研究探索网络成瘾与媒体多任务之间的关系。但是一些研究可以为两者之间可能存在关联提供间接的证据。首先，媒体多任务与媒体使用时间正相关，长时间使用媒体通常与更多的媒体多任务相联系。其次，媒体多任务操作影响个体对时间的感知以及对操作任务愉悦度的感知，媒体多任务可能使个体觉得媒体使用时间变得更快，从而更可能花费更多的时间使用媒体。第三，众多的研究表明，媒体多任务会对个体的认知控制产生不良的影响，经常在不同的任务之间切换，不利于个体持续性注意的发展，使个体更容易被无关的信息所干扰。最后，研究者认为，媒体多任务可能有和网络成瘾相同的奖赏机制，在不同媒体任务之间切换所带来的快感可能使个体越来越喜欢这种媒体使用方式，从而对多任务处理产生依赖。

综上，网络成瘾和媒体多任务都与冲动性关系密切，媒体多任务与网络成瘾也存在一定关联，但是尚未有研究考察三者之间的关系。因此，本研究的第一个问题就是：冲动性能否通过影响媒体多任务进而影响个体的网络成瘾水平？

（四）迷走神经活动与网络成瘾

Porges 提出的多迷走神经理论认为迷走神经活动水平与注意、情绪和行为控制密切相关。迷走神经对心脏窦房结（即心脏起搏器）具有节律性的调节作用，反映了副交感神经对心脏活动的影响，被称为迷走神经张力。迷走神经张力就像一个闸，张力较强时心率降低，张力较弱时心率就会提升。呼吸性窦性心律不齐（Respiratoy Sinus Arrhythmia，RSA）是测量迷走神经张力的一个重要指标。基线 RSA 或者静息 RSA 是自我调节重要的生理标记，反映了迷走神经活动应对环境挑战的灵活性，也反映了个体因应外在任务要求而调节生理状态以应对环境变化的能力。较高水平的基线 RSA 反映了个体良好的自我调节能力和社会适应能力，表明个体能够根据环境的要求及时调整内部的状态，而较低的基线 RSA 则反映了不良的自我调节能力和社会适应能力。

关于基线 RSA 与成瘾行为的研究表明，较低的基线 RSA 与网络游戏成瘾正相关（如 Zhang 等人 2021 年的研究），与物质使用、抑郁和焦虑正相关（如 Van Beveren 等人 2019 年的发现）。除了基线 RSA 对成瘾行为的主效应之外，研究者还发现了基线 RSA 的调节作用。比如 Hinnant 等人 2015 年研究表明，较高的基线 RSA 水平能够缓冲不利环境对儿童的消极影响，过低的基线 RSA 会使儿童和青少年对不良环境表现出易感性或脆弱性（如 Eisenberg 等人 2012 年、Peng 和 Wang 2020 年的研究）。Zhang 等人 2017 年的研究表明，基线 RSA 能够调节父母婚姻冲突对大学生网络成瘾的影响作用。

冲动性是网络成瘾和媒体多任务的一个危险性因素，而高基线 RSA 是网络成瘾的保护性因素，两者能否交互预测个体网络成瘾或媒体多任务尚未有研究予以探讨。

综上，本研究的主要研究问题有：第一，冲动性能否通过手机多任务影响个体的网络成瘾水平？第二，冲动性能否与基线 RSA 交互预测手机多任务和网络成瘾？为了回答这两个研究问题，建立研究模型，见图 5-2-1。本研究预测冲动性与手机多任务正向关联，手机多任务与网络成瘾正相关，手机多任务可以中介冲动性对网络成瘾的作用，高基线 RSA 能够缓解冲动性对手机多任务和网络成瘾的影响。

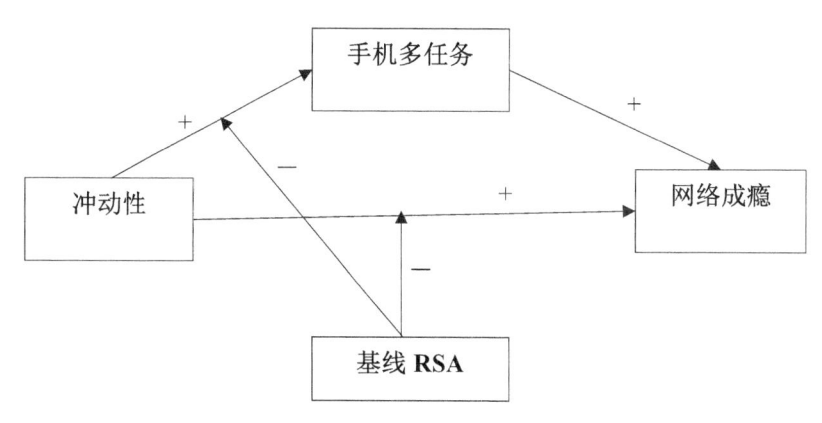

图 5-2-1 研究假设模型

二、研究方法

（一）被试

通过 G*power 软件计算所需要的被试，本研究对网络成瘾的回归模型中最多涉及 7 个预测变量（即手机多任务、冲动性、基线 RSA、基线 RSA 与冲动性的交互项以及性别、年龄和家庭 SES），按照中等程度的效应量 $f^2 = 0.15$，$\alpha = 0.05$，Power = 0.95，需要 129 名被试。通过广告招募的方式招募了 141 名本科生（平均年龄 19 ± 1.2 岁，其中 97 名女生，44 名男生）。样本父母的受教育程度情况如下：39 个学生的父亲和 34 个学生的母亲有本科或以上学历，31 个学生的父亲和 23 个学生的母亲受到了高中教育，53 个学生的父亲和 43 个学生的母亲是初中学历，18 个学生的父亲和 41 个学生的母亲是小学及以下学历。

（二）研究程序

通过电话预约被试的实验时间，告知被试实验前2个小时不要喝酒、摄入咖啡、尼古丁或者其他药物，女性被试参与实验时不在生理周期。当被试到达实验室之后，主试讲解实验的流程和注意事项。实验的流程是首先采集被试的生理数据（基线RSA），之后完成问卷测量。

（三）研究工具

网络成瘾使用陈的网络成瘾量表（Chen Internet Addiction Scale，CIAS）。该量表共26个项目，测量网络成瘾的五个维度的症状：强迫性上网、戒断反应、耐受性降低、人际及健康问题、时间管理问题。被试在1"非常不同意"到4"非常同意"之间评分。分数越高表明被试的网络成瘾水平越高。在本研究中该量表的内部一致性系数为0.92。

冲动性的测量使用中文版的Barratt冲动性量表。量表包含30个题目，测量冲动性的注意冲动性、动作冲动性和计划冲动性。量表在1"从不如此"到4"总是如此"之间计分，分数越高表明冲动性越高。在本研究中，该量表的内部一致性系数为0.90。

手机多任务采用Lim和Shim在2016年编制的量表，主要测量被试将手机与其他非媒体活动一起结合的情况、与其他媒体活动结合的情况或者在手机内部不同活动之间切换的情况。被试在1"从不"~7"总是"7点评分的量表上对描述的情况进行回答。非媒体多任务包括将手机使用与六种非媒体活动结合：乘坐交通工具、上课或学习、吃饭、走路、锻炼身体、人际交往；与其他媒体活动的结合包括：看电视、使用电脑、使用平板电脑、看书籍、报纸等；在手机内部不同活动之间切换的情况包括：听音乐、看视频、玩游戏、浏览网页、使用社交网站等五种活动。在本研究中，该量表的内部一致性系数为0.92。

生理数据。采集被试的基线RSA数据要求被试在椅子上安静地坐5分钟，在电脑屏幕上呈现一张中性的图片（选自国际情绪图片库），要求被试放松并且集中注意力观看屏幕上的图片。使用便携式生理记录仪SOMNOtouchTM RESP（SOMNOmedics，Germany，http：//www.somnomedics.de）记录被试的生理数据。该设备包含一个SOMNOtouchTM RESP主机、一个绑带和一个带有3个电极的心电传导线。3个Ag-

AgCl电极贴分别贴在被试的左右锁骨和左侧肋骨。使用绑带将SOMNOtouchTM RESP主机绑在被试的胸骨上，然后将心电传导接口连接在主机上。记录之后的数据通过DOMINO 1.4.0软件（SOMNOmedics，Germany）进行数据转换和分析。软件通过快速傅里叶转换的光谱分析获得高频心率变异性（high-frequency heart rate variability，HF-HRV，0.15–0.4Hz），通过对HF-HRV进行自然对数转换获得数值来表征RSA。

三、结果[①]

（一）描述分析和相关分析

相关分析的结果表明（表5-2-1），冲动性与网络成瘾和手机多任务显著正相关，手机多任务与网络成瘾显著正相关，基线RAS与测量变量之间的相关不显著。

表 5-2-1 研究变量的描述和相关分析

变量	1	2	3	4
1 网络成瘾	—	—	—	—
2 手机多任务	0.33**	—	—	—
3 冲动性	0.56**	0.21*	—	—
4 基线 RSA	0.11	0.13	0.02	—
M	58.44	94.96	76.93	7.10
SD	10.33	22.51	11.81	1.08

（二）中介作用分析

用SPSS MARCRO PROCESS（Model 4）检验手机多任务的中介作用。采用bootstrap的方式检验中介效应的显著性，bootstrap的样本数为5000。分别建立三个回归方程，以检验冲动性对网络成瘾和手机多任务的直接作用，以及在加入冲动性之后，手机多任务对网络成瘾的预测作用。结果表明（表5-2-2），冲动性可以解释32%的网络成瘾的变异，可以解释5%的手机多任务的变异，冲动性通过手机多任务对网络成瘾的间接效应 $ab = 0.04$（$SE = 0.02$，95%CI [0.004, 0.09]），中介效应占总效应的9%（ab/c）。

[①] 本研究在统计分析时也尝试控制了一些变量，即被试的性别、年龄和父母受教育水平，相关和回归分析显示，这些变量与网络成瘾/手机多任务/冲动性/基线RSA的关系都不显著，加入或者去除这些变量不影响本研究回归分析的结果，因此结果部分只显示没有加入这些控制变量之后的统计结果。

表 5-2-2 手机多任务中介冲动性对网络成瘾的作用

变量	网络成瘾		手机多任务		网络成瘾	
—	β	95%CI	β	95%CI	β	95%CI
冲动性	0.56***	[0.42, 0.70]	0.21*	[0.05, 0.37]	0.52***	[0.37, 0.65]
手机多任务	—	—	—	—	0.22**	[0.08, 0.36]
R^2	0.32***	—	0.05*	—	0.36***	—

（三）基线 RSA 的调节作用分析

将冲动性和基线 RSA 分别做标准化处理，采用 SPSS MARCRO PROCESS（Model 8）分析基线 RSA 对中介模型的调节作用，采用 bootstrap 的方式检验中介效应的显著性，bootstrap 的样本数为 5000。研究结果见图 5-2-2。基线 RSA 能够调节冲动性对网络成瘾的直接效应，而基线 RSA 与冲动性的交互项不能显著预测手机多任务，调节中介指数（index of moderated mediation）为 0.03（SE = 0.03，95% CI [-0.01, 0.10]），95%CI 包含 0，表明调节的中介作用不显著。

最后就冲动性对网络成瘾的直接效应分别在基线 RSA 平均水平和 RSA ± SD 的水平进行简单斜率检验。结果表明（见图 5-2-3），当基线 RSA 水平低于平均值 1SD 时，b = 0.63（SE = 0.09），p < 0.001；当基线 RSA 处于平均水平时，b = 0.49（SE = 0.07），p < 0.001；当基线 RSA 水平高于平均值 1SD 时，b = 0.35（SE = 0.11），p < 0.01。可见随着基线 RSA 水平升高，冲动性对网络成瘾的预测作用不断降低。显著性区域检验（region of significance test）进一步表明，当基线 RSA 高于 1.51 个 SD 时，冲动性对网络成瘾的预测作用不显著，表明高基线的 RSA 水平能够缓解冲动性对网络成瘾的不良作用。

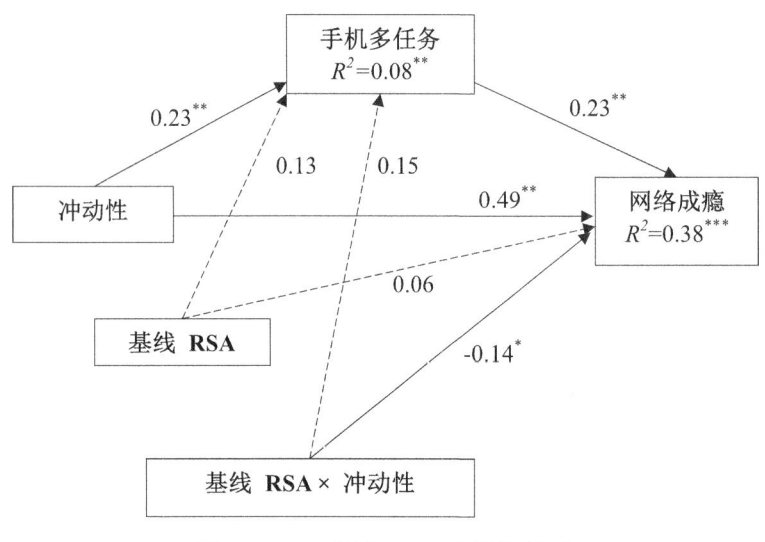

图 5-2-2　基线 RSA 的调节作用

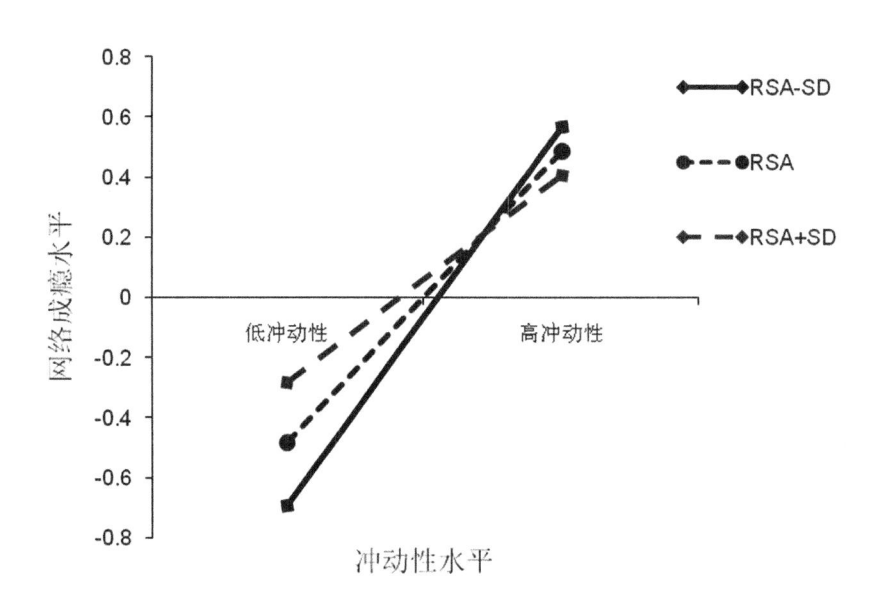

图 5-2-3　冲动性与基线 RSA 交互预测网络成瘾

四、讨论

本研究采用问卷测量结合生理测量的方式，在大学生样本中考察了冲动性特质通过媒体多任务对网络成瘾的中介作用，及基线 RSA 在其中的调节作用。研究结果表明媒体多任务可以部分中介冲动性对网络成瘾的作用，基线 RSA 可以调节中介模型中冲动性对网络成瘾的直接作用，研究结果部分验证了所提出的假设模型。

与以往研究一致，本研究发现冲动性特质是与网络成瘾相关的重要风险因素，冲动性可以解释 32% 的网络成瘾变异。成瘾的双系统理论认为，成瘾是大脑反思系统和冲动系统之间失衡的结果。冲动系统的神经基础主要是杏仁核－纹状体系统，它在自然奖赏和药物奖赏的情绪及动机效应中起关键作用；反思系统主要指以前额叶为中心的控制系统。高冲动性是自我控制低下的重要表现形式，是成瘾的核心标志之一。网络成瘾人群表现出较高的特质冲动和较差的抑制功能，并且在一些与冲动性密切相关的行为反应（如奖赏寻求、认知控制等）及相关的神经环路功能上表现出与药物成瘾相类似的特点。

本研究也证实了冲动性与手机多任务呈显著正相关。尽管手机多任务操作会对任务表现产生不利的影响，但由于具有冲动性特质的人往往更难抑制分心，他们会更多地参与媒体多任务处理。另外，冲动性特质的人更倾向于较小却直接的奖励，而不是更令人满意却延迟的奖励，而在不同媒体任务之间切换能够带来即时的愉悦体验，因此他们更有可能在从事无聊的任务时寻求快乐和刺激，更多地参与多任务处理。

本研究的一个创新的发现是手机多任务能够部分中介冲动性对网络成瘾的影响。这种关系可能有以下几种解释：首先，手机多任务和网络成瘾可能都是由于个体追求网络或手机使用的奖赏而产生的。冲动性使得个体对奖赏的敏感性增强，并且对损失的敏感性降低，从而无法评估媒体的过度使用或者频繁切换所带来的不良影响，这可能是冲动性、媒体多任务和网络成瘾之间潜在的联系。第二，手机多任务这种操作本身带来的愉悦感使个体花更多的时间使用电子媒体，而使用时长是网络成瘾的一个重要指标。第三，媒体多任务和网络成瘾可能具有部分重叠的脑机制。个体如果想有效地进行多任务，往往需要将多任务中的一项任务自动化，而自动化的过程就是从前额叶的控制过程向纹状体自动加工过程转移。而成瘾的奖赏回路也是通过增强纹状体区域的活动，同时负责认知控制的前额叶皮层功能失调。

本研究的另一个重要发现是基线 RSA 可以调节在控制了手机多任务之后的冲动性对网络成瘾的直接效应，具体表现为高水平的基线 RSA 可以缓冲冲动性对网络成瘾的不良影响，证实了高基线 RSA 具有保护性作用。以往研究表明高基线 RSA 与儿童的行为、认知和情绪调节能力有关，高基线 RSA 通常与儿童适应性的发展相关联，而较低水平的基线 RSA 通常与儿童的适应不良，如焦虑、抑郁或者攻击性相关。本研究结果证实，自我调节的生理指标基线 RSA 能够调节冲动性特质对网络成瘾的作用。

本研究也存在一些不足。首先，横断研究设计无法确定变量之间的因果关系。媒体多任务与网络成瘾之间的关系很可能是双向交互的,个体对媒体多任务操作的依赖以及对网络使用的依赖很可能是共同发生的。因此未来研究应采用纵向研究设计,考察个体网络使用方式及媒体使用方式之间的动态发展与关系。第二,本研究仅采用量表的方式测量了个体的冲动性特质水平,未来的研究可以采用多种方式测量个体的冲动性水平,进一步探索不同冲动性结构对网络成瘾的作用效果和机制。最后,由于本研究样本主要来自一所师范院校,导致样本中男女生比例较不平衡,虽然性别并不会对本研究结果造成影响,但是未来研究的样本应注意平衡性别的因素。

五、结论

冲动性与大学生手机多任务和网络成瘾正相关,并且手机多任务能够部分中介冲动性对网络成瘾的作用。此外,以基线 RSA 为指标的迷走神经活动水平能够与冲动性交互影响个体网络成瘾的水平,较高的基线迷走神经张力能够缓解冲动性对网络成瘾的作用。

第六章
儿童电子媒体使用的建议

科技革新改变了媒体以及媒体在儿童生活中的角色，越来越多的儿童开始在越来越小的年龄在日常生活中接触和使用新兴的电子媒体产品，比如智能手机、平板电脑等。在1970年代，儿童可能在4岁才开始看电视，而在当今社会，4个月的婴儿可能就开始了和电子媒体的互动。更重要的是，儿童不再仅仅是媒体信息被动的接受者，而变成了媒体内容的参与者和建构者。电子媒体对个体发展产生的效果依赖于多种因素的作用，包括媒体的类型、内容、使用时间和方式以及儿童本身的特征。因此，家长需要依据儿童自身的特点，比如年龄、身体健康状况、儿童的气质特点以及发展阶段等为儿童制定专属的媒体使用计划。本章将结合有关媒体使用与儿童发展领域的研究结果以及美国儿科学会关于儿童媒体使用的建议，为家长、教育者和社会提供关于儿童电子产品使用的建议。

一、关于儿童的年龄，什么时候可以接触电子媒体

从出生到5岁，是大脑发育的关键阶段，也是儿童建立安全依恋、养成良好行为习惯的关键阶段。两岁以下儿童的认知、语言、动作以及情绪等社会技能的发育依赖于他们对世界的直接探索以及与抚育者的社会互动。由于他们符号表征能力、记忆能力、注意能力发育还未成熟，相较于与真实的人互动学习，他们并不能很好地从传统的电子媒体（比如电视或者视频）中学习，这就是所谓的"视频缺陷效应"，从二维媒体中的学习并不能很好地迁移到三维的真实世界中。提高学步儿（15个月左右）媒体学习效果的关键因素是父母与儿童一起观看，并将视频中的内容重新讲解给儿童。

更重要的是，那些对儿童学业成功、任务坚持、冲动控制、情绪调节以及创造性思维等具有重要作用的高级思维能力和执行功能的发展，是通过非结构性的社会游戏以及良好的亲子互动和亲子关系而非电子媒体发展起来的。

研究表明，幼儿过早较多接触电视，不利于其认知发展。Zimmerman 和 Christakis 的纵向研究调查发现，在控制了父母教育水平、早期教育投入等因素之后，儿童 3 岁以前每天看电视的时长与其 6 岁时语言发展（皮博迪语言测验）、记忆水平（数字广度测验成绩）及智力水平（韦克斯勒智力量表成绩）负相关，但是儿童 3—5 岁期间每天看电视的时长与 6 岁时的语言发展呈正相关。Christakis 等人的纵向研究结果显示，在控制了孕妇产前物质使用、孕妇精神状况、父母社会经济地位等因素后，儿童 1 岁和 3 岁时每天看电视时间与 7 岁时注意力问题呈正相关。Stevens 和 Mulsow 却没有发现 5 岁儿童看电视情况与 6 岁时 ADHD 症状之间的关系。这表明在 3 岁以前儿童突触发展的关键期进行电子媒体的使用可能会对儿童发展产生重要的影响。关于幼儿语言发展的研究也表明，2 岁以后的儿童可以从那些针对幼儿设计的、具有教育意义的电视节目中获益。但是，对儿童发展有益的芝麻街节目，对于 2 岁以前幼儿的语言发展没有促进作用甚至有延缓影响。婴儿语言的发展与其说话时间（talk time）或者养育者对他们讲话的时间直接相关，电视节目对婴幼儿语言发展的不良影响，一方面可能来自幼儿发展能力的限制，另一方面可能来自媒体使用的时间减少了亲子互动或交流的时间。

二、关于媒体使用的时间

电子媒体使用时间对儿童发展的影响可能呈倒 U 型的曲线，不看或过度观看可能对儿童发展都不利。Williams 的元分析表明，电视观看的总时长与学业表现的相关系数是 -0.05，并且呈现出曲线的关系，每周观看时长约 10 小时的儿童学业表现最好，随着观看时间增加，学业成绩和观看时间表现出负向的关系。Razel 的另一项元分析同样证实电视观看时长与儿童（4~15 岁）学业成绩的曲线关系，研究还发现不同年龄的儿童的最佳观看时长并不一样，随着儿童年龄的增长，最佳观看时长会较少，这可能与幼儿的节目中包含较多的教育类节目，随着儿童年龄的增长，观看娱乐类节目相应增多；另一方面，随着儿童年龄的增长，他们使用其他电子媒体的时间不断增加，总的媒体使用时间过长可能不利于儿童的发展。

三、关于媒体的内容

另一个使用媒体影响效果的重要因素是媒体的内容。一方面，娱乐类的节目、含有暴力内容的节目等会对儿童的发展产生不利影响；另一方面，包含教育内容或亲社会内容的节目则会对儿童的发展产生积极的影响。

媒体中的攻击性内容对儿童攻击行为影响的研究一直是研究者们关注的热点。Bushman 和 Huesmann 对暴力媒体（包括电影、电视、音乐、视频游戏和漫画书等）与攻击性的关系进行元分析，其中包含 432 项研究，共 68 463 名被试，结果发现：暴力媒体导致攻击行为、攻击性观念、愤怒情绪和生理唤起的上升，亲社会行为下降。Anderson 等人 2010 年对关于暴力类视频游戏与攻击性的 130 项研究（共计超过 130 000 个被试）进行元分析，这些研究中包含实验室实验、横断面研究以及纵向研究。元分析的结果表明，暴力视频游戏会增加身体攻击行为、增加攻击性认知和攻击性情感、增加生理唤醒水平、增加对攻击行为的去敏感化、降低共情水平、降低帮助或利他行为。结果还表明，相较于成年人，暴力视频游戏对儿童产生影响的效果更大。但是，有些研究者强调媒体效应与攻击性不具有必然联系。如催化剂模型理论，该理论的核心观点是把媒体暴力看成促使攻击行为发生的催化剂，基因和环境的交互作用是导致攻击行为发生的主要因素，媒体暴力不是攻击性产生的前因变量，其他因素（例如，家庭暴力、攻击性人格特质）才是影响攻击性的前因变量。

另一方面，研究者认为媒体中所传达的亲社会信息与社会规范更为吻合（相较于反社会行为），因此，对亲社会行为的模仿会比对反社会行为的模仿更可能被认为是积极的。Mares 和 Woodard 对 34 项研究（其中 3 项横断面研究，31 项实验研究，共 5473 名儿童）进行元分析，结果表明观看更多亲社会内容电视节目的儿童表现出更多的亲社会行为（指标包括积极的社会互动、攻击行为降低、利他行为和刻板印象消除），总体的效应量（ZFisher = 0.27）与文献中媒体暴力与攻击行为的效应量大小相当。也就是说，电视在传播攻击行为的同时，另一面也可以弘扬亲社会行为。根据社会认知理论，当亲社会行为被电视节目明确地示范会带来最优的效果。儿童的年龄也会影响电视对亲社会行为的影响，电视对亲社会行为影响的效应量在幼儿阶段迅速增加，在 7 岁达到顶峰，之后不断下降并持续至青春期。这可能与幼儿不能完全理解电视中传达的亲社会行为的本质有关。研究结果还表明，亲社会媒体内容对利他行为的效应显著地大于其他几个因变量，这在一定程度上表明，媒体设置的情境与现实生活越接近，儿童就越可能模仿其中的行为。因此，儿童节目制作者在努力帮助儿童建立亲社会行为时，不仅要关注所传达的积极信息，更要将故事情境设置得与儿童生活环境相一致。针对童年中期、青少年和成人群体亲社会视频游戏使用与其亲社会行为关系的研究也稳定地表明，亲社会视频游戏与玩家短期以及长期亲社会行为增加之间有关联。

近年来，研究发现较长时间电子媒体暴露是儿童、青少年产生注意力问题的危险因素。儿童娱乐节目的形式和内容特征是产生消极影响的重要原因。儿童视频节目依靠凸显的形式特征（如：快节奏和场面的迅速变化）来引起儿童的注意和兴趣。儿童会不断地对电视节目做出朝向反射。电视节目超现实的虚构特点可能会过度刺激幼儿大脑的发育，使他们不断期待更高水平的刺激输入从而觉得现实生活中的刺激（如学校功课）平淡无味，使儿童难以集中精力专注于某一件事。但是，大量研究也表明儿童可以从年龄适宜的教育类媒体（educational media）中获益。教育类媒体是指包含能够促进儿童积极发展内容的媒体，这些发展包括认知的、智力的或情绪社会性等方面。比较著名的几个教育类的电视节目有"芝麻街"（Sesame Street）、"爱冒险的朵拉"（Dora the Explorer）、"蓝色斑点狗"（Blues Clues）等。教育类节目的共同特点在于它们是在众多实证研究的基础上，准确分析幼儿的需要和喜好，并将之融合到教学法之中，为了促进儿童特定方面发展而设计的。"蓝色斑点狗"是一部强调问题解决能力发展的系列动画节目，Bryant 等人分别追踪两组学龄前儿童，一组儿童可以定期观看"蓝色斑点狗"，另一组儿童由于地域的原因不能收看这个节目。在研究初期，两组儿童在发展水平上没有差异，但是两年后测量结果表明，观看组儿童在问题解决能力和思维灵活性方面显著地高于没有观看节目组的儿童。本研究属于准实验研究，尽管研究尽量保证两组儿童的一致性，但是两组儿童并不是被随机地分配到不同的实验条件。有超过 1000 项的研究探索"芝麻街"对幼儿学业准备有影响。研究结果一致表明，儿童对芝麻街的观看，包括各国不同的芝麻街版本，对其学业准备能力具有促进作用。教育类电视节目的观看对儿童的积极作用具有长时的持续效果。Anderson 等人研究发现，控制了父母受教育程度、儿童性别等额外变量之后，5 岁时观看教育节目的时长与高中时期的学习成绩、阅读量、成就追求、创造力显著正相关，与攻击性水平显著负相关。尽管幼儿在教育类节目中获得的信息可能对高中学业没有直接的作用，但 Anderson 认为早期观看教育类节目可以促进儿童的学业准备，从而使儿童在入学的最初几年更容易获得成功，并使儿童进一步持续积极地发展。

四、交互式媒体的作用

3 到 6 岁的学龄前幼儿能够从那些精心设计的教育类节目（如芝麻街）中获益。关于对芝麻街出品的 APP 的研究也表明其对幼儿读写技能的发展有促进作用。但是，值得注意的是，很多在"教育"类别之下的 APP 并没有经过研究的证实，有很多也并不是基于已有的课程或者吸收了专业的研究成果。

婴儿和学步儿不能很好地从二维屏幕媒体中获得信息，表现为"视频缺陷效应"，那么增加了互动性的交互式媒体——如手机教育类 APP，能否比传统的电子媒体更好地促进婴幼儿学习呢？研究表明，24—30 个月的婴儿相较于没有观看社会互动录像的儿童，可以从增加了社会互动的视频聊天中更好地学习单词，或者可以通过一些经过设计的触屏 APP 上学习单词，表明社会交互对婴幼儿学习的重要性。针对 15 个月幼儿的研究也表明，他们虽然可以从经过实验室设计的触屏媒体上学习新单词，但是不能很好地将学习到的知识迁移到现实世界。虽然这些研究表明 2 岁左右的幼儿可以从交互式媒体中获益，但值得注意的是，一方面，这些应用都是研究者精心设计的，我们在一般的应用商店里是无法购买或者下载的。另一方面，幼儿通常依赖与成年人的互动来更好地理解他们接触到的内容。越来越多的幼儿与父母一起通过视频聊天与亲朋好友进行联络，幼儿此时同样需要借助成人的帮助来理解他们见到的现象。另外有研究表明，交互式媒体如教阅读的 APPs 和电子书（e-books），可以通过字母、读音和识字等训练增加幼儿早期的识字能力。电子书可以促进词汇和阅读理解能力的发展，并且通过提供一些辅助的支架手段（scaffolds），比如口语讲述、与语音同步的字体标示、内置的声音效果、动画或者游戏等，增加幼儿参与阅读的热情。但是，这些附加的功能往往也会使幼儿在阅读的过程中分心，影响幼儿对故事的理解。因此如何在吸引儿童注意力与过多刺激导致儿童分心之间需要取得平衡。

目前关于交互式新媒体对幼儿学习影响的研究还较少，但是因为交互式媒体的活动或游戏通常设置不同的等级，儿童依据自己的能力水平与媒体进行交互，获得实时的反馈，并不断探索。互动性、即时反馈性和差异性等这些与传统媒体有别的特点使交互式媒体具有促进儿童更好发展的可能性。养育者在让幼儿使用交互式媒体的时候需要注意两个问题。第一，养育者需要经常自问，如果不给幼儿这些随处可得的交互式媒体，幼儿此时会做什么活动？这些交互式媒体的使用是否会占用家庭交流的时间，或者儿童从事其他有益活动的时间？又或者只是减少了儿童看电视或视频的时间？第二，家长需要警惕幼儿形成对交互式媒体的依赖甚至成瘾行为。因此家长要关注儿童使用交互式媒体的时长。

五、儿童特点的作用

即使是观看电视，儿童也并不是被动地在接受信息，儿童作为与电子媒体互动的主动参与者，其发展水平、性别及人格等因素都会影响媒体对儿童影响的效果。儿童认知发展能力和信息加工水平的特点决定了他们所能理解的节目的特点和内容。学步儿喜欢节奏缓慢场景熟悉的媒体内容，学龄前儿童喜欢节奏较快且情节带有冒险和奇幻色彩的节目，到了童年中期，他们则更喜欢与现实生活接近的节目，青少年则喜欢那些含有追求刺激、不顾世俗或冒险行为的媒体内容。Linebarger 等人研究教育类节目对儿童早期阅读能力的作用是否会受到儿童已有阅读水平的影响。他们将 12 个班级的幼儿园大班和小学一年级的儿童随机分配到实验组和对照组，实验组的儿童在未来几周内每天在班级中观看一段"我们一家都是狮子"（*Between the Lions*）系列节目——一部促进儿童早期读写能力的节目，实验要求教师对观看的节目不做任何评价和讲解，对照组的儿童在课堂上不观看任何节目。研究结果表明，节目对儿童的阅读能力有促进作用，且促进作用依赖于儿童已有的阅读能力水平，那些原先阅读能力一般或较好的儿童获益最大。研究结果从侧面说明，阅读能力较差的儿童可能不太能够理解节目传达的内容，因此教育类节目发挥作用的一个重要因素在于契合儿童的发展水平。

儿童对计算机的使用重点、进行电子游戏的内容和动机会随着儿童的发展而不断变化。较小的儿童主要用计算机来打游戏，年龄较大的儿童则会通过计算机进行网页的浏览、线上交流和即时通讯；随着儿童的发展，他们会逐渐从教育类游戏转移到感觉运动类游戏，低年级儿童玩游戏的动机主要是挑战性和趣味性，初中以后游戏的社会动机逐渐明显，儿童和青少年通过游戏进行同辈间交流、竞争以及游戏策略的分享等。

不同性别的儿童会表现出不同的媒体使用偏好，媒体中男女角色的设定也会不断影响儿童对性别角色的认同和内化。电子游戏或网络游戏的主要角色大部分是男性，游戏活动大部分是男性导向，因此男孩比女孩更容易对游戏产生强烈的兴趣。对于男性力量或者攻击行为的宣扬使男生更喜欢攻击类的游戏，女生则回避攻击或者吵闹的游戏，她们喜欢人物丰满、故事丰富的游戏。女生更多地用互联网等电子产品进行社会交流，男生倾向于使用互联网搜索信息和打网络游戏等。

个体差异与媒体使用关系的研究多集中在童年中期、青春期和成人群体。儿童的人格特点也会影响其媒体行为，研究发现儿童感觉寻求的水平与其媒体多任务的水平呈正相关。具有高神经质、低宜人性和低责任心等人格特点的儿童可能更容易受到媒体中暴力因素的影响。

六、家庭等媒体使用环境的角色和作用

根据生态系统理论，儿童的行为和发展会受到家庭等环境因素的影响和调节，媒体对儿童发展的影响效果也会受到家庭因素的影响。家庭对媒体效果的影响主要体现在以下几个方面。

第一，家庭的社会经济水平或父母的受教育水平能够影响儿童接触互联网和电子产品的机会。

第二，家长对儿童媒体使用行为的监督或陪伴，能够有效地促进媒体使用的积极效果、降低媒体使用的消极影响。通常将父母对儿童媒体使用的调节行为分成三类：约束式、共同观看或使用式、指导式。通过增强家庭凝聚力，或者父母掌握一定的调节技术手段，如使用网站推荐、对儿童互联网和计算机使用进行适度控制或者通过和儿童进行共同的互联网活动，都可以减少儿童接触消极网络内容的机会，使儿童从电子媒体的活动中获益。

第三，家长的媒体使用习惯或媒体使用态度能够影响儿童电子媒体的使用。背景性的观看（background viewing）或二手电视指的是儿童被动观看的非针对儿童的电视节目，比如，家长自己观看而儿童在一旁玩耍等情况下的观看。背景性电视节目对儿童的认知可能产生不良影响。背景性的电视节目给儿童造成了嘈杂的环境，并且会不断地吸引儿童的注意，使儿童从当前的主要任务中转移。Schmidt等人研究背景性电视节目的影响，他们分别观察12个月、24个月、36个月的儿童在1个小时内自由玩耍玩具的情况，其中的半小时会将观察室内的电视打开播放一个娱乐类电视节目的片段，另外半个小时则关闭电视。结果表明，背景性的电视会降低儿童游戏的质量，降低儿

童对于游戏的专注程度、缩短儿童玩游戏片段的时长。在另一项研究中，Kirkorian 等人研究背景性电视对亲子互动的影响，采用类似的实验程序，在一个小时的亲子共处时间内，一半的时间电视会播放一段娱乐节目，一半的时间电视是关闭的。研究结果发现，背景性电视节目会吸引家长的注意，从而削弱亲子互动的质量和数量。因此，那些媒体使用导向的家庭——不管是否有人使用，都保持电子产品开启的状态，可能不利于儿童发展。

此外，很多家长将电子产品作为一种安抚儿童的手段，比如在家长需要做家务、外出吃饭或者开车的时候，使用电子产品来占用儿童的活动时间。幼儿需要发展出自我调节的内部能力，使用电子产品来安抚儿童虽然能得到短暂的效果，但是，长此以往，可能会对儿童自我调节能力的发展带来不良的影响，需要家长和教育者注意。有些家庭将电视放置在儿童的卧室，将其作为一种帮助儿童入睡的工具。但是，众多研究表明，儿童卧室的电视通常与儿童较差的睡眠质量和较长的观看时间关联。屏幕亮光会抑制褪黑色素的分泌，不利于入睡。因此不要将电视放置在儿童卧室，避免儿童在入睡之前使用屏幕媒体。

最后，作为儿童的重要榜样，家长自身的媒体使用行为会给儿童树立模仿的对象。童年期是日后媒体习惯形成的重要时期，父母对于电子媒体的使用方式将会影响儿童对于媒体的认知及使用方式。

七、建议

（一）对家长的建议

首先，家长应不鼓励 2 岁以前的儿童接触除网络视频聊天之外的任何屏幕媒体。如果想给 18 到 24 个月的幼儿引入电子媒体的使用，家长最好选取高质量的教育类节目并与儿童一起观看，避免让儿童单独使用电子媒体。2 岁到 5 岁儿童每天的屏幕时间最好控制在 1 个小时之内，以避免电子媒体使用对其他有益活动的替代和占用。家长最好与儿童一起观看节目或使用电子媒体，向他们解释电子媒体所传达的内容，从而使儿童更好地学习并应用到现实世界中。

其次，不要在儿童的卧室内放置电视机、电脑、手机、IPad 或设置互联网联接。与此同时，家长应注意自己的媒体使用行为，避免让幼儿观看非幼儿类节目（如娱乐节目、电视连续剧等），避免二手电视（背景性电视）对幼儿的不良影响。

再次，应监督儿童的媒体使用情况，包括他们玩的游戏、登录的网站等。家长最好先看一遍儿童观看的节目或者玩的游戏，以决定是否适合儿童观看、使用。或者，家长最好陪孩子一起看电视、看电影、玩游戏，并将此作为一种讨论重要问题的手段。同时，应回避含有暴力内容的媒体，如果碰见暴力行为，应向儿童解释此种行为的本质，以帮助儿童更好理解。此外，家长还可以让儿童讲解他们正在使用的游戏或者观看的节目，这可以增加儿童的自主感和控制感，也能帮助家长掌握儿童媒体使用情况。这些共同使用电子媒体的方式，与传统亲子活动（如共同阅读、亲子游戏等）一样，对儿童发展有重要意义。

第四，应制定家庭媒体使用规定和计划，并率先做到。规定最好包括在吃饭和入睡期间为孩子创造没有任何电子技术的"纯净"环境，即这些家庭活动时间禁止使用电子产品，包括电视、手机等。此外，对手机、网络以及社交网站等电子媒体的使用应建立合理、严格的计划。

第五，网络世界里也需要礼貌，家长应让孩子知道虚拟世界中的人际交往和现实生活中一样，也需要礼貌、同情心，谈话内容也需要符合场合，并且注意自己的安全。总之，非结构性的玩耍对于儿童大脑发展的益处比任何一种电子媒体都要好。

（二）对学校的建议

学校及教育者应了解儿童发展规律，积极关注媒体使用对儿童发展影响的研究结果，认识到媒体使用的不良效果及积极作用，树立正确的媒体使用观念。同时教育者要做好儿童媒体使用的引导作用，培养儿童的媒体素养。做好与家庭的沟通，帮助家长制定适宜的媒体使用计划等。如果在课堂中使用了 IPad 等电子设备，应制订严格的使用规定，如什么情况下可以使用，用来做什么，使用时长等。

（三）对社会的建议

儿童节目和电子媒体的制作者应以理论和实证研究作为产品设计的基础和导向，并采用科学的方法检测产品使用的效果。对于社会来说，应加强对婴幼儿教育媒体产业的监管，积极引导家长明智地选择相关电子教育类产品。研究者关于 2 岁前幼儿是否能从电子媒体使用中获益还存在较大争议，社会应正确引导家长对于早期教育类电子产品的选择和使用，加大对媒体使用与婴幼儿发展研究的资助，及时向家长和教育者发布关于媒体使用的研究成果和指导建议。

参考文献

[1] 李卉，周宗奎，伍香平. 3~6岁儿童使用媒体现状的调查研究[J]. 上海教育科研，2014，（5）：57-59.

[2] 邢淑芬，蒋莹，高鑫等. 电视对学前儿童执行功能发展的长时效应：一项实证研究[J]. 教育研究，2017，38（8）：109-119.

[3] 熊怡程，喻昊雪，刘玉平，等. 看电视对幼儿执行功能的即时与长时影响：基于一项追踪研究的发现[J]. 学前教育研究，2022，（08）：53-63.

[4] 苑立新，寇虎平，王秀江，等. 中国儿童发展报告[M]. 北京：社会科学文献出版社，2019.

[5] 赵晓，刘莉，孟庆晓，等. Alabama教养问卷（父母版）中文版的心理测量学分析[J]. 青少年学刊，2017，（1）：32-38.

[6] ACHTMAN R L, GREEN C S, BAVELIER D. Video games as a tool to train visual skills[J]. Restorative neurology & neuroscience, 2008, 26（4-5）：435-446.

[7] ADLER N E, SNIBBE C A. The role of psychosocial processes in explaining the gradient between socioeconomic status and health[J]. Current directions in psychological science, 2003, 12（4）：119-123.

[8] ADLER R F, BENBUNAN-FICH R. Juggling on a high wire: Multitasking effects on performance[J]. International journal of human-computer studies, 2012, 70（2）：156-168.

[9] AGUILAR-ROCA N M, WILLIAMS A E, O'DOWD D K. The impact of laptop-free zones on student performance and attitudes in large lectures[J]. Computers & education, 2012, 59（4）：1300-1308.

[10] ALISON BRYANT J, SANDERS JACKSON A, SMALLWOOD A K. Iming, text messaging, and adolescent social networks[J]. Journal of computer-mediated communication,

2006, 11（2）: 577-592.

[11]ALZAHABI R, BECKER M W. The association between media multitasking, task-switching, and dual-task performance[J]. Journal of experimental psychology: human perception and performance, 2013, 39（5）: 1485-1495.

[12]ANDERSON C A, BUSHMAN B J. Effects of violent video games on aggressive behavior, aggressive cognition, aggressive affect, physiological arousal, and prosocial behavior: A meta-analytic review of the scientific literature[J]. Psychological science, 2001, 12（5）: 353-359.

[13]ANDERSON C A, SAKAMOTO A, GENTILE D A, et al. Longitudinal effects of violent video games on aggression in Japan and the United States[J]. Pediatrics, 2008, 122（5）: e1067-e1072.

[14]ANDERSON C A, SHIBUYA A, IHORI N, et al. Violent video game effects on aggression, empathy, and prosocial behavior in eastern and western countries: a meta-analytic review[J]. Psychological bulletin, 2010, 136（2）: 151-173.

[15]ANDERSON D R, HUSTON A C, SCHMITT K L, et al. Early childhood television viewing and adolescent behavior: The recontact study[J]. Monographs of the society for research in child development, 2001, 66（1）: i-154.

[16]ANDERSON V A, ANDERSON P, NORTHAM E, et al. Development of executive functions through late childhood and adolescence in an Australian sample[J]. Developmental neuropsychology, 2001, 20（1）: 385.

[17]ANSARI A, CROSNOE R. Children's hyperactivity, television viewing, and the potential for child effects[J]. Children and youth services review, 2016, 61: 135-140.

[18]ARNSTEN A F T. Stress signalling pathways that impair prefrontal cortex structure and function[J]. Nature reviews neuroscience, 2009, 10（6）: 410-422.

[19]ARNSTEN A F. Through the looking glass: differential noradenergic modulation of prefrontal cortical function[J]. Neural plasticity, 2000, 7（1-2）: 133-146.

[20]BADANES L S, ENOS W S, HANKIN B L. Hypocortisolism as a potential marker of allostatic load in children: Associations with family risk and internalizing disorders[J]. Development & psychopathology, 2011, 23（3）: 881-896.

[21]BADDELEY A. Working memory[J]. Science, 1992, 255（5044）: 556-559.

[22]BANDURA A. Social cognitive theory of mass communication[J]. Media psychology, 2010, 3（3）: 61-90.

[23]BANDURA A. Social learning theory of aggression[J]. Journal of communication, 1978, 28（3）: 12-29.

[24]BANDURA A. Social learning theory[M]. New York, NY: General Learning Press, 1977.

[25]BARR R, LAURICELLA A, ZACK E, et al. Infant and early childhood exposure to adult-directed and child-directed television programming: Relations with cognitive skills at age four[J]. Merrill-palmer quarterly, 2010, 56（1）: 21-48.

[26]BAVELIER D, GREEN C S, POUGET A, et al. Brain plasticity through the life span: Learning to learn and action video games[J]. Annual review of neuroscience, 2012, 35（1）: 391-416.

[27]BECKER M W, ALZAHABI R, HOPWOOD C J. Media multitasking is associated with symptoms of depression and social anxiety[J]. Cyberpsychology, behavior, and social networking, 2013, 16（2）: 132-135.

[28]BERNIER A, CARLSON S M, WHIPPLE N. From external regulation to self-regulation: early parenting precursors of young children's executive functioning[J]. Child development, 2010, 81（1）: 326-339.

[29]BESSI RE K, KIESLER S, KRAUT R, et al. Effects of Internet use and social resources on changes in depression[J]. Information communication & society, 2008, 11（1）: 47-70.

[30]BEST J R. Exergaming immediately enhances children's executive function[J]. Developmental psychology, 2012, 48（5）: 1501-1510.

[31]BEULLENS K, ROE K, VAN DEN BULCK J. Excellent gamer, excellent driver？The impact of adolescents' video game playing on driving behavior: A two-wave panel study[J]. Accident analysis & prevention, 2011, 43（1）: 58-65.

[32]BEYENS I, VALKENBURG P M, PIOTROWSKI J T. Screen media use and ADHD-related behaviors: Four decades of research[J]. Proceedings of the national academy

of sciences, 2018, 115（40）: 9875-9881.

[33] BIALYSTOK E. Effect of bilingualism and computer video game experience on the Simon task[J]. Canadian journal of experimental psychology, 2006, 60（1）: 68-79.

[34] BILLIEUX J, LINDEN M V D, ROCHAT L. The role of impulsivity in actual and problematic use of the mobile phone[J]. Applied cognitive psychology, 2008, 22（9）: 1195-1210.

[35] BLAIR C, GRANGER D A, WILLOUGHBY M, et al. Salivary cortisol mediates effects of poverty and parenting on executive functions in early childhood[J]. Child development, 2011, 82（6）: 1970-1984.

[36] BLAIR C, GRANGER D, PETERS RAZZA R. Cortisol reactivity is positively related to executive function in preschool children attending head start[J]. Child development, 2005, 76（3）: 554-567.

[37] BLANKSON A N, O'BRIEN M, LEERKES E M, et al. Do hours spent viewing television at ages 3 and 4 predict vocabulary and executive functioning at age 5？[J]. Merrill-palmer quarterly-journal of developmental psychology, 2015, 61（2）: 264-289.

[38] BOWMAN L L, LEVINE L E, WAITE B M, et al. Can students really multitask？An experimental study of instant messaging while reading[J]. Computers & education, 2010, 54（4）: 927-931.

[39] BRADLEY R H, MCKELVEY L M, WHITESIDE-MANSELL L. Does the quality of stimulation and support in the home environment moderate the effect of early education programs？[J]. Child development, 2011, 82（6）: 2110-2122.

[40] BRAND M, YOUNG K S, LAIER C, et al. Integrating psychological and neurobiological considerations regarding the development and maintenance of specific Internet-use disorders: An interaction of person-affect-cognition-execution（I-PACE）model[J]. Neuroscience & biobehavioral reviews, 2016, 71: 252-266.

[41] BRASEL S A, GIPS J. Media multitasking behavior: Concurrent television and computer usage[J]. Cyberpsychology, behavior, and social networking, 2011, 14（9）: 527-534.

[42] BRITO N H, NOBLE K G. Socioeconomic status and structural brain

development[J]. Frontiers in neuroscience, 2014, 8: 276-288.

[43] BROCKI K C, BOHLIN G. Executive functions in children aged 6 to 13: a dimensional and developmental study[J]. Developmental neuropsychology, 2004, 26（2）: 571-593.

[44] BRONFENBRENNER U. The ecology of human development: Experiments by nature and design[M]. Cambridge: Harvard University Press, 1979.

[45] BRYANT J, MIRON D. Theory and research in mass communication[J]. Journal of communication, 2004, 54（4）: 662-704.

[46] BRYANT J, MULLIKIN L, MAXWELL M, et al. Effects of two years' viewing of Blue's Clues[M]. Tuscaloosa, AL: Institute for Communication Research, University of Alabama, 1999.

[47] BURNETT C, WILKINSON J. Holy Lemons! Learning from children's uses of the Internet in out-of-school contexts[J]. Literacy, 2005, 39（3）: 158-165.

[48] BURTON C L, STRAUSS E, HULTSCH D F, et al. Intraindividual variability as a marker of neurological dysfunction: A comparison of Alzheimer's disease and Parkinson's disease[J]. Journal of clinical and experimental neuropsychology, 2006, 28（1）: 67-83.

[49] BUSHMAN B J, HUESMANN L R. Short-term and long-term effects of violent media on aggression in children and adults[J]. Archives of pediatrics & adolescent medicine, 2006, 160（4）: 348-352.

[50] CAFRI G, KROMREY J D, BRANNICK M T. A meta-meta-analysis: Empirical review of statistical power, type I error rates, effect sizes, and model selection of meta-analyses published in psychology[J]. Multivariate behavioral research, 2010, 45（2）: 239-270.

[51] CAO F, SU L, LIU T Q, et al. The relationship between impulsivity and Internet addiction in a sample of Chinese adolescents[J]. European psychiatry the journal of the association of european psychiatrists, 2007, 22（7）: 466-471.

[52] CARDOSO-LEITE P, BUCHARD A, TISSIERES I, et al. Media use, attention, mental health and academic performance among 8 to 12 year old children[J]. PloS one, 2021, 16（11）: e0259163.

[53]CARRIER L M, CHEEVER N A, ROSEN L D, et al. Multitasking across generations: Multitasking choices and difficulty ratings in three generations of Americans[J]. Computers in human behavior, 2009, 25(2): 483-489.

[54]CESPEDES E M, GILLMAN M W, KLEINMAN K, et al. Television viewing, bedroom television, and sleep duration from infancy to mid-childhood[J]. Pediatrics, 2014, 133(5): e1163-e1171.

[55]CHAO R, TSENG V. Parenting of Asians[M]//BORNSTEIN M. Handbook of parenting. Mahwah, NJ: Erlbaum, 2002: 59-93.

[56]CHEN S H, WENG L C, SU Y J, et al. Development of Chinese Internet addiction scale and its psychometric study[J]. Chinese journal of psychology, 2003, 45: 279-294.

[57]CHIONG C, C S. The joan ganz cooney center at sesame workshop. Learning: is there an app for that? Investigations of young children's usage of learning with mobile devices and apps[M]. New York: The Joan Ganz Cooney Center at Sesame Workshop, 2010.

[58]CHO C H, CHEON H J. Children's exposure to negative Internet content: effects of family context[J]. Journal of broadcasting & electronic media, 2005, 49(4): 488-509.

[59]CHOTPITAYASUNONDH V, DOUGLAS K M. How "phubbing" becomes the norm: The antecedents and consequences of snubbing via smartphone[J]. Computers in human behavior, 2016, 63: 9-18.

[60]CHRISTAKIS D A, RAMIREZ J S, RAMIREZ J M. Overstimulation of newborn mice leads to behavioral differences and deficits in cognitive performance[J]. Scientific reports, 2012, 2: 546-551.

[61]CHRISTAKIS D A, ZIMMERMAN F J, DIGIUSEPPE D L, et al. Early television exposure and subsequent attentional problems in children[J]. Pediatrics, 2004, 113(4): 708-713.

[62]CHRISTAKIS D A. Interactive media use at younger than the age of 2 years: time to rethink the American Academy of Pediatrics guideline?[J]. JAMA pediatrics, 2014, 168(5): 399-400.

[63]CHRISTAKIS D. The effects of infant media usage: What do we know and what should we learn?[J]. Acta paediatrica, 2009, 98(1): 8-16.

［64］CLIFF D P, HOWARD S J, RADESKY J S, et al. Early childhood media exposure and self-regulation: Bidirectional longitudinal associations［J］. Academic pediatrics, 2018, 18（7）: 813-819.

［65］CORKIN M T, PETERSON E R, HENDERSON A M, et al. Preschool screen media exposure, executive functions and symptoms of inattention/hyperactivity［J］. Journal of applied developmental psychology, 2021, 73: 101237- 101252.

［66］COUNCIL ON COMMUNICATIONS AND MEDIA. Media and young minds［J］. Pediatrics, 2016, 138（5）: e20162591.

［67］CUMMINGS J L. Frontal-subcortical circuits and human behavior［J］. Archives of neurology, 1993, 50（8）: 873-880.

［68］DANET M, MILLER A L, WEEKS H M, et al. Children aged 3–4 years were more likely to be given mobile devices for calming purposes if they had weaker overall executive functioning［J］. Acta paediatrica, 2022, 11（7）: 1383-1389.

［69］DESCARPENTRY A, MELCHIOR M, GALERA C, et al. High screen time and internalizing and externalizing behaviours among children aged 3 to 14 years during the COVID-19 pandemic in France［J］. European child & adolescent psychiatry, 2023, 33（4）: 1151-1161.

［70］DESJARLAIS M, WILLOUGHBY T. A longitudinal study of the relation between adolescent boys and girls' computer use with friends and friendship quality: Support for the social compensation or the rich-get-richer hypothesis？［J］. Computers in human behavior, 2010, 26（5）: 896-905.

［71］DIAMOND A. Executive functions［J］. Annual review of psychology, 2012, 64（1）: 135-168.

［72］DONG G, ZHOU H, ZHAO X. Male Internet addicts show impaired executive control ability: Evidence from a color-word Stroop task［J］. Neuroscience letters, 2011, 499（2）: 114-118.

［73］DYE M W G, GREEN C S, BAVELIER D. The development of attention skills in action video game players［J］. Neuropsychologia, 2009, 47（8）: 1780-1789.

［74］DYE M W, GREEN C S, BAVELIER D. Increasing speed of processing with action video games[J]. Current directions in psychological science, 2009, 18（6）: 321-326.

[75]EDWARDS M, GRONLUND S D. Task interruption and its effects on memory[J]. Memory, 1998, 6（6）: 665-687.

[76]EHRENBERG A, JUCKES S, WHITE K M, et al. Personality and self-esteem as predictors of young people's technology use[J]. Cyberpsychology & behavior, 2008, 11（6）: 739-741.

[77]EPSTEIN J N, LANGBERG J M, ROSEN P J, et al. Evidence for higher reaction time variability for children with ADHD on a range of cognitive tasks including reward and event rate manipulations[J]. Neuropsychology, 2011, 25（4）: 427-441.

[78]ESSEX C, GLIGA T, SINGH M, et al. Understanding the differential impact of children's TV on executive functions: A narrative-processing analysis[J]. Infant behavior & development, 2022, 66: 101661.

[79]EVANS G W, GONNELLA C, MARCYNYSZYN L A, et al. The role of chaos in poverty and children's socioemotional adjustment[J]. Psychological science, 2005, 16（7）: 560-565.

[80]EVRA B J V. Television and child development[M]. New York: Routledge, 2004.

[81]Feng J, Spence I, Pratt J. Playing an action video game reduces gender differences in spatial cognition[J]. Psychological science, 2007, 18（10）: 850-855.

[82]FERGUSON C J, BRENT D M. Is the association between children's baby video viewing and poor language development robust？A reanalysis of zimmerman, christakis, and meltzoff（2007）[J]. Developmental psychology, 2014, 50（1）: 129-137.

[83]FERGUSON C J, MIGUEL C S, HARTLEY R D. A multivariate analysis of youth violence and aggression: The influence of family, peers, depression, and media violence[J]. Journal of pediatrics, 2009, 155（6）: 904-908.

[84]FERGUSON C J, RUEDA S M, CRUZ A M, et al. Violent video games and aggression causal relationship or byproduct of family violence and intrinsic violence motivation？[J]. Criminal justice & behavior, 2000, 31（28）: 2231-2237.

[85]FERGUSON C J. Do angry birds make for angry children？A meta-analysis of video game influences on children's and adolescents' aggression, mental health, prosocial

behavior, and academic performance[J]. Perspectives on psychological science, 2015, 10 (5): 646-666.

[86]FERGUSON C J. Evidence for publication bias in video game violence effects literature: A meta-analytic review[J]. Aggression and violent behavior, 2007, 12 (4): 470-482.

[87]FERGUSON C J. The influence of television and video game use on attention and school problems: A multivariate analysis with other risk factors controlled[J]. Journal of psychiatric research, 2011, 45 (6): 808-813.

[88]FISCH S M. Children's learning from educational television: Sesame street and beyond[M]. New York: Routledge, 2014.

[89]FISCHER P, GUTER S, FREY D. The effects of risk-promoting media on inclinations toward risk taking[J]. Basic and applied social psychology, 2008, 30 (3): 230-240.

[90]FISCHER P, KUBITZKI J, GUTER S, et al. Virtual driving and risk taking: Do racing games increase risk-taking cognitions, affect, and behaviors？[J]. Journal of experimental psychology: applied, 2007, 13 (1): 22-31.

[91]FOEHR U G. Media multitasking among American youth: Prevalence, predictors and pairings[M]. Menlo Park, CA: Henry J. Kaiser Family Foundation, 2006.

[92]FOERDE K, KNOWLTON B J, POLDRACK R A. Modulation of competing memory systems by distraction[J]. Proceedings of the national academy of sciences, 2006, 103 (31): 11778-11783.

[93]FOSTER E M, WATKINS S. The value of reanalysis: TV viewing and attention problems[J]. Child development, 2010, 81 (1): 368–375.

[94]FRIEDMAN N P, MIYAKE A, YOUNG S E, et al. Individual differences in executive functions are almost entirely genetic in origin[J]. Journal of experimental psychology: General, 2008, 137 (2): 201-225.

[95]FUSTER J M. Frontal lobe and cognitive development[J]. Journal of neurocytology, 2002, 31 (3-5): 373-385.

[96]GENTILE D A, ANDERSON C A, YUKAWA S, et al. The effects of prosocial

video games on prosocial behaviors: International evidence from correlational, longitudinal, and experimental studies[J]. Personality and social psychology bulletin, 2009, 35（6）: 752-763.

[97]GENTILE D A, STONE W. Violent video game effects on children and adolescents. A review of the literature[J]. Minerva pediatrica, 2005, 57（6）: 337-358.

[98]GENTILE D A, SWING E L, LIM C G, et al. Video game playing, attention problems, and impulsiveness: Evidence of bidirectional causality[J]. Psychology of popular media culture, 2012, 1（1）: 62-70.

[99]GERBNER G, GROSS L, MORGAN M S, et al. Growing up with television: Cultivation processes[J]. Media effects: advances in theory and research, 2002,（6）: 43-68.

[100]GHANDALI R, HASSANI-ABHARIAN P, SADEGHI-FIROOZABADI V, et al. The effect of violent and melodrama movies on risky decision-making and behavioral inhibition in adolescents[J]. Basic and clinical neuroscience, 2022, 13（6）: 765-776.

[101]GILLESPIE C W, BEISSER S. Developmentally appropriate LOGO computer programming with young children[J]. Information technology in childhood education annual, 2001（1）: 229-244.

[102]GOGTAY N, GIEDD J, LUSK L, et al. Dynamic mapping of human conical development during childhood and early adulthood[J]. Proceedings of the national academy of science, 2004, 101（21）: 8174-8179.

[103]GOODRICH S A, PEMPEK T A, CALVERT S L. Formal production features of infant and toddler DVDs[J]. Archives of pediatrics & adolescent medicine, 2009, 163（12）: 1151-1156.

[104]GREEN C S, BAVELIER D. Action video game modifies visual selective attention[J]. Nature, 2003, 423（6939）: 534-537.

[105]GREEN C S, BAVELIER D. Effect of action video games on the spatial distribution of visuospatial attention[J]. Journal of experimental psychology: human perception and performance, 2006, 32（6）: 1465.

[106]GREEN C S, BAVELIER D. Action-video-game experience alters the spatial resolution of vision[J]. Psychological science, 2007, 18（1）: 88-94.

[107] GREENFIELD P M, CAMAIONI L, ERCOLANI P, et al. Cognitive socialization by computer games in two cultures: Inductive discovery or mastery of an iconic code？ [J]. Journal of applied developmental psychology, 1994, 15（1）: 59-85.

[108] GREENFIELD P, BEAGLES-ROOS J. Radio vs. television: Their cognitive impact on children of different socioeconomic and ethnic groups [J]. Journal of communication, 1988, 38（2）: 71-92.

[109] GROLNICK W S, POMERANTZ E M. Issues and challenges in studying parental control: Toward a new conceptualization [J]. Child development perspectives, 2009, 3（3）: 165-170.

[110] GROSS E F, JUVONEN J, GABLE S L. Internet use and well-being in adolescence [J]. Journal of social issues, 2002, 58（1）: 75-90.

[111] GROSS E F. Adolescent Internet use: What we expect, what teens report [J]. Journal of applied developmental psychology, 2004, 25（6）: 633-649.

[112] GUERON-SELA N, GORDON-HACKER A. Longitudinal links between media use and focused attention through toddlerhood: A cumulative risk approach [J]. Frontiers in psychology, 2020, 11: 569222-569233.

[113] HANSON J L, NICOLE H, SHEN D G, et al. Family Poverty Affects the Rate of Human Infant Brain Growth [J]. Plos one, 2015, 10（12）: e0146434.

[114] HART W, ALBARRACÍN D, EAGLY A H, et al. Feeling validated versus being correct: A meta-analysis of selective exposure to information [J]. Psychological bulletin, 2009, 135（4）: 555-588.

[115] HAYES A F. An index and test of linear moderated mediation [J]. Multivariate behavioral research, 2015, 50（1）: 1-22.

[116] HILL D, AMEENUDDIN N, CHASSIAKOS Y L R, et al. Media use in school-aged children and adolescents. [J]. Pediatrics, 2016, 138（5）: e20162592.

[117] HINNANT J B, ERATH S A, EL-SHEIKH M. Harsh parenting, parasympathetic activity, and development of delinquency and substance use [J]. Journal of abnormal psychology, 2015, 124（1）: 137-151.

[118] HOFFERTH S L. Home media and children's achievement and behavior [J]. Child

development, 2010, 81（5）: 1598-1619.

[119]HONG J, SU Y, WANG J, et al. Association between video gaming time and cognitive functions: A cross-sectional study of Chinese children and adolescents[J]. Asian journal of psychiatry, 2023, 84: 103584.

[120]HUBER B, YEATES M, MEYER D, et al. The effects of screen media content on young children's executive functioning[J]. Journal of experimental child psychology, 2018, 170: 72-85.

[121]HUMMER T A, KRONENBERGER W G, WANG Y, et al. Association of television violence exposure with executive functioning and white matter volume in young adult males[J]. Brain & cognition, 2014, 88: 26-34.

[122]HUMMER T A, WANG Y, KRONENBERGER W G, et al. Short-term violent video game play by adolescents alters prefrontal activity during cognitive inhibition[J]. Media psychology, 2010, 13（2）: 136-154.

[123]HUNTER S J, EDIDIN J P, HINKLE C D. The developmental neuropsychology of executive functions[M]//Hunter S J, Sparrow E P. Executive function and dysfunction. New York: Cambridge University Press, 2012: 17-36.

[124]ISBELL E, CALKINS S D, SWINGLER M M, et al. Attentional fluctuations in preschoolers: Direct and indirect relations with task accuracy, academic readiness, and school performance[J]. Journal of experimental child psychology, 2018, 167: 388-403.

[125]JACKSON L A, SAMONA R, MOOMAW J, et al. What children do on the Internet: Domains visited and their relationship to socio-demographic characteristics and academic performance[J]. Cyber psychology & behavior, 2006, 10（2）: 182-190.

[126]JAGO R, EDWARDS M J, URBANSKI C R, et al. General and specific approaches to media parenting: A systematic review of current measures, associations with screen-viewing, and measurement implications[J]. Childhood obesity, 2013, 9（s1）: S51-S72.

[127]JENSEN P S, MRAZEK D, KNAPP P K, et al. Evolution and revolution in child psychiatry: ADHD as a disorder of adaptation[J]. Journal of the American academy of child & adolescent psychiatry, 1997, 36（12）: 1672-1681.

[128]JEONG S H, FISHBEIN M. Predictors of multitasking with media: Media factors and audience factors[J]. Media psychology, 2007, 10（3）: 364-384.

[129]JOHNSON G M. Young children's Internet use at home and school: Patterns and profiles[J]. Journal of early childhood research, 2010, 8（3）: 282-293.

[130]JOHNSON G, PUPLAMPU P. A conceptual framework for understanding the effect of the Internet on child development: The ecological techno-subsystem[J]. Canadian journal of learning and technology, 2008, 34: 19-28.

[131]JOHNSON J G, COHEN P, KASEN S, et al. Extensive television viewing and the development of attention and learning difficulties during adolescence[J]. Archives of pediatrics & adolescent medicine, 2007, 161（5）: 480-486.

[132]JUNCO R, COTTEN S R. No A 4 U: The relationship between multitasking and academic performance[J]. Computers & Education, 2012, 59（2）: 505-514.

[133]JUNCO R. In-class multitasking and academic performance[J]. Computers in human behavior, 2012, 28（6）: 2236-2243.

[134]KARADAG E, TOSUNTAS S B, ERZEN E, et al. Determinants of phubbing, which is the sum of many virtual addictions: a structural equation model[J]. Journal of behavioral addictions, 2015, 4（2）: 60-74.

[135]KIM P, EVANS G W, ANGSTADT M, et al. Effects of childhood poverty and chronic stress on emotion regulatory brain function in adulthood[J]. Proceedings of the National Academy of Sciences of the United States of America, 2013, 110（46）: 18442-18447.

[136]KIRKORIAN H L, ANDERSON D R. Learning from educational media[M]// CALVERT SANDRA L, WILSON BARBARA J. The handbook of children, media, and development, Malden. MA: John Wiley & Sons, 2009: 188-213.

[137]KIRKORIAN H L, CHOI K, PEMPEK T A. Toddlers' word learning from contingent and noncontingent video on touch screens[J]. Child Development, 2016, 87（2）: 405-413.

[138]KIRKORIAN H L, PEMPEK T A, MURPHY L A, et al. The impact of background television on parent-child interaction[J]. Child development, 2009, 80（5）: 1350-1359.

[139] KIRKORIAN H L, WARTELLA E A, ANDERSON D R. Media and young children's learning[J]. The future of children, 2008, 18（1）：39-61.

[140] KIRSH S J, OLCZAK P V, MOUNTS J R W. Violent video games induce an affect processing bias[J]. Media psychology, 2005, 7（3）：239-250.

[141] KOLB B, MYCHASIUK R, MUHAMMAD A, et al. Experience and the developing prefrontal cortex[J]. Proceedings of the National Academy of Sciences of the United States of America, 2012, 109（Supplement 2）：17186-17193.

[142] KOSTYRKA-ALLCHORNE K, COOPER N R, GOSSMANN A M, et al. Differential effects of film on preschool children's behaviour dependent on editing pace[J]. Acta paediatrica, 2017, 106（5）：831-836.

[143] KOSTYRKA-ALLCHORNE K, COOPER N R, SIMPSON A. Disentangling the effects of video pace and story realism on children's attention and response inhibition[J]. Cognitive Development, 2019, 49: 94-104.

[144] KOSTYRKA-ALLCHORNE K, COOPER N R, SIMPSON A. The relationship between television exposure and children's cognition and behaviour: A systematic review[J]. Developmental Review, 2017, 44: 19-58.

[145] KOVCSA M, MEHLER J, CAREY S E. Cognitive gains in 7-month-old bilingual infants[J]. Proceedings of the National Academy of Sciences of the United States of America, 2009, 106（16）：6556-6560.

[146] KOVESS-MASFETY V, KEYES K, HAMILTON A, et al. Is time spent playing video games associated with mental health, cognitive and social skills in young children？[J]. Social psychiatry and psychiatric epidemiology, 2016, 51（3）：349-357.

[147] KRAUT R, KIESLER S, BONEVA B, et al. Internet paradox revisited[J]. Journal of social issues, 2002, 58（1）：49-74.

[148] KRAUT R, PATTERSON M, LUNDMARK V, et al. Internet paradox: A social technology that reduces social involvement and psychological well-being？[J]. American psychologist, 1998, 53（9）：1017-1031.

[149] KRONENBERGER W G, MATHEWS V P, DUNN D W, et al. Media violence exposure and executive functioning in aggressive and control adolescents[J]. Journal of

clinical psychology, 2005, 61（6）: 725–737.

［150］LANDRY S, SMITH K. Early social and cognitive precursors and parental support for self-regulation and executive function: Relations from early childhood into adolescence［M］//SOKOL B W, MÜLLER U, CARPENDALE J I M, et al. Self and social regulation: Social interaction and the development of social understanding and executive functions. New York: Oxford University Press, 2010: 386-417.

［151］LAWRENCE A, CHOE D E. Mobile media and young children's cognitive skills: a review［J］. Academic pediatrics, 2021, 21（6）: 996-1000.

［152］LEE K M, PENG W. What do we know about social and psychological effects of computer games? A comprehensive review of the current literature［M］// VORDERER P, BRYANT J. Playing video games: Motives, responses, and consequences. Mahwah: Lawrence Erlbaum Associates Publishers, 2006: 327-345.

［153］LEE S J. Online communication and adolescent social ties: Who benefits more from internet use?［J］. Journal of computer-mediated communication, 2009, 14（3）: 509-531.

［154］LEE S-J, CHAE Y-G. Children's Internet use in a family context: Influence on family relationships and parental mediation［J］. Cyber psychology & behavior, 2007, 10（5）: 640-644.

［155］LEE W, KUO E C Y. Internet and displacement effect: Children's media use and activities in singapore［J］. Journal of computer-mediated communication, 2002, 7（2）: JCMC729.

［156］LENHART A, MADDENN M, HITLIN P. Teens and technology: Youth are leading the transition to a fully wired and mobile nation［C］. Pew Internet & American life project, 2005.

［157］LEONG A Y C, YONG M H, LIN M H. The effect of strategy game types on inhibition［J］. Psychological research, 2022, 86（7）: 2115-2127.

［158］LEWIS C, CARPENDALE J I. Introduction: Links between social interaction and executive function［J］. New directions for child and adolescent development, 2009（123）: 1-15.

[159]LEWIS C, HUANG Z, ROOKSBY M. Chinese preschoolers' false belief understanding: Is social knowledge underpinned by parental styles, social interactions or executive functions？[J]. Psychologia, 2006, 49（4）: 252-266.

[160]LI HUI, ZHOU ZONGKUI, XIANGPING W. Investigation of the media use among children aged 3 to 6 years[J]. Shanghai research on education, 2014, 5: 57-59.

[161]LI Q, DAI W, ZHONG Y, et al. The mediating role of coping styles on impulsivity, behavioral inhibition/approach system, and Internet addiction in adolescents from a gender perspective[J]. Frontiers in psychology, 2019, 10: 2402-2415.

[162]LILLARD A S, DRELL M B, RICHEY E M, et al. Further examination of the immediate impact of television on children's executive function[J]. Developmental Psychology, 2015, 51（6）: 792-802.

[163]LILLARD A, PETERSON J. The immediate impact of different types of television on young children's executive function[J]. Pediatrics, 2011, 128（4）: 644-649.

[164]LIM E M. Patterns of kindergarten children's social interaction with peers in the computer area[J]. International journal of computer-supported collaborative learning, 2012, 7（3）: 399-421.

[165]LIM S, SHIM H. Who multitasks on smartphones？ Smartphone multitaskers' motivations and personality traits[J]. Cyberpsychology, behavior and social networking, 2016, 19（3）: 223-227.

[166]LIN L. Breadth-biased versus focused cognitive control in media multitasking behaviors[J]. Proceedings of the National Academy of Sciences of the United States of America, 2009, 106（37）: 15521-15522.

[167]LINEBARGER D L, BARR R, LAPIERRE M A, et al. Associations between parenting, media use, cumulative risk, and children's executive functioning[J]. Journal of developmental and behavioral pediatrics, 2014, 35（6）: 367-377.

[168]LINEBARGER D L, KOSANIC A Z, GREENWOOD C R, et al. Effects of viewing the television program between the lions on the emergent literacy skills of young children[J]. Journal of educational psychology, 2004, 96（2）: 297-308.

[169]LINEBARGER D L, WALKER D. Infants' and toddlers' television viewing and

language outcomes[J]. American behavioral scientist, 2005, 48（5）: 624-645.

[170] LINEBARGER, DEBORAH L. Contextualizing video game play: The moderating effects of cumulative risk and parenting styles on the relations among video game exposure and problem behaviors[J]. Psychology of popular media culture, 2015, 4（4）: 375-396.

[171] LUNA B, SWEENEY J A. The emergence of collaborative brain function: FMRI studies of the development of response inhibition[J]. Annals of the New York Academy of Sciences, 2004, 1021（1）: 296-309.

[172] MACDONALD S W, NYBERG L, BÄCKMAN L. Intra-individual variability in behavior: Links to brain structure, neurotransmission and neuronal activity[J]. Trends in neurosciences, 2006, 29（8）: 474-480.

[173] MARES M-L, PAN Z. Effects of sesame street: A meta-analysis of children's learning in 15 countries[J]. Journal of Applied Developmental Psychology, 2013, 34（3）: 140-151.

[174] MARES M-L, WOODARD E. Positive effects of television on children's social interactions: A meta-analysis[J]. Media psychology, 2005, 7（3）: 301-322.

[175] MARKEY P M, MARKEY C N. Vulnerability to violent video games: A review and integration of personality research[J]. Review of general psychology, 2010, 14（2）: 82-91.

[176] MARTINEZ L, GIMENES M, LAMBERT E. Video games and board games: Effects of playing practice on cognition[J]. PloS one, 2023, 18（3）: e0283654.

[177] MATHEWS C L, MORRELL H E R, MOLLE J E. Video game addiction, ADHD symptomatology, and video game reinforcement[J]. The American journal of drug and alcohol abuse, 2019, 45（1）: 67–76.

[178] MCCLOSKEY G, PERKINS L A, DIVINER B V. Assessment and intervention for executive function difficulties[M]. New York: Routledge, 2009.

[179] MCDANIEL B T, COYNE S M. "Technoference": The interference of technology in couple relationships and implications for women's personal and relational well-being[J]. Psychology of popular media culture, 2016, 5（1）: 85-98.

[180] MCDANIEL B T, COYNE S M. Technology interference in the parenting of young

children: Implications for mothers' perceptions of coparenting[J]. Social science journal, 2016, 53(4): 435-443.

[181]MCDANIEL B T, DROUIN M. Daily technology interruptions and emotional and relational well-being[J]. Computers in human behavior, 2019, 99: 1-8.

[182]MCDANIEL B T, GALOVAN A M, DROUIN M. Daily technoference, technology use during couple leisure time, and relationship quality[J]. Media psychology, 2020, 24(5): 637-665.

[183]MCDANIEL B T, RADESKY J S. Technoference: longitudinal associations between parent technology use, parenting stress, and child behavior problems[J]. Pediatric research, 2018, 84(2): 210-218.

[184]MCDANIEL B T, RADESKY J S. Technoference: parent distraction with technology and associations with child behavior problems[J]. Child development, 2018, 89(1): 100-109.

[185]MCHARG G, RIBNER A D, DEVINE R T, et al. Screen time and executive function in toddlerhood: A longitudinal study[J]. Frontiers in psychology, 2020, 11: 570392-570400.

[186]MEERKERK G J, VAN DEN EIJNDEN R J J M, FRANKEN I, et al. Is compulsive Internet use related to sensitivity to reward and punishment, and impulsivity？[J]. Computers in human behavior, 2010, 26(4): 729-735.

[187]MENON V, ADLEMAN N E, WHITE C D, et al. Error-related brain activation during a Go/No Go response inhibition task[J]. Human brain mapping, 2001, 12(3): 131-143.

[188]MESCH G S. The family and the Internet: the israeli case[J]. Social science quarterly, 2003, 84(4): 1038-1050.

[189]MIYAKE A, FRIEDMAN N P, EMERSON M J, et al. The unity and diversity of executive functions and their contributions to complex "frontal lobe" tasks: A latent variable analysis[J]. Cognitive psychology, 2000, 41(1): 49-100.

[190]MORENO M A, JELENCHICK L, KOFF R, et al. Internet use and multitasking among older adolescents: An experience sampling approach[J]. Computers in human

behavior, 2012, 28（4）: 1097-1102.

［191］MORGAN M, SHANAHAN J. The state of cultivation［J］. Journal of broadcasting & electronic media, 2010, 54（2）: 337-355.

［192］MURPHY C, BEGGS J. Primary pupils' and teachers' use of computers at home and school［J］. British journal of educational technology, 2003, 34（1）: 79-83.

［193］NATHANSON A I, ALAD F, SHARP M L, et al. The relation between television exposure and executive function among preschoolers［J］. Developmental psychology, 2014, 50（5）: 1497.

［194］NELSON K. Structure and strategy in learning to talk［J］. Monographs of the society for research in child development, 1973, 38（1-2）: 1-135.

［195］NIE N H, HILLYGUS D S, ERBRING L. Internet use, interpersonal relations, and sociability: a time diary study［M］//WELLMAN B, HAYTHORNTHWAITE C. The Internet in Everyday Life. 2002: 213-243.

［196］NIELSEN M, SIMCOCK G, JENKINS L. The effect of social engagement on 24-month-olds' imitation from live and televised models［J］. Developmental science, 2008, 11（5）: 722-731.

［197］NIKKELEN S W, VALKENBURG P M, HUIZINGA M, et al. Media use and ADHD-related behaviors in children and adolescents: A meta-analysis［J］. Developmental psychology, 2014, 50（9）: 2228-2241.

［198］OAKES J M. The effect of media on children: A methodological assessment from a social epidemiologist［J］. American behavioral scientist, 2009, 52（8）: 1136-1151.

［199］OBEL C, HENRIKSEN T B, DALSGAARD S, et al. Does children's watching of television cause attention problems？ Retesting the hypothesis in a Danish cohort［J］. Pediatrics, 2004, 114（5）: 1372-1373.

［200］O'CONNOR T G. Annotation: The effects of parenting reconsidered: findings, challenges, and applications［J］. Journal of child psychology and psychiatry, 2002, 43（5）: 555-572.

［201］ODUOR E, NEUSTAEDTER C, ODOM W, et al. The frustrations and benefits of Mobile Device Usage in the Home when Co-Present with Family Members［C］. Acm conference on designing interactive systems, 2016: 1315-1327.

[202] OPHIR E, NASS C, WAGNER A D. Cognitive control in media multitaskers[J]. Proceedings of the National Academy of Sciences of the United States of America, 2009, 106 (37): 15583-15587.

[203] PANEK E. Left to their own devices: college students' "guilty pleasure" media use and time management[J]. Communication research, 2014, 41 (4): 561-577.

[204] PEA R, NASS C, MEHEULA L, et al. Media use, face-to-face communication, media multitasking, and social well-being among 8-to 12-year-old girls[J]. Developmental psychology, 2012, 48 (2): 327-336.

[205] PENG Y, ZHANG R, WANG Z. Intraindividual reaction time variability as an index of attentional control acts as a moderator of the longitudinal relationships between marital quality and children's externalizing problems[J]. Journal of experimental child psychology, 2021, 202: 105011-105027.

[206] PORGES S W. The polyvagal perspective[J]. Biological psychology, 2007, 74 (2): 116-143.

[207] PORGES S W. The polyvagal theory: Phylogenetic contributions to social behavior[J]. Physiology & behavior, 2003, 79 (3): 503-513.

[208] PORTUGAL A M, HENDRY A, SMITH T J, et al. Do pre-schoolers with high touchscreen use show executive function differences? [J]. Computers in human behavior, 2023, 139: 107553-107561.

[209] POSNER M I, ROTHBART M K. Developing mechanisms of self-regulation[J]. Development and psychopathology, 2000, 12 (3): 427-441.

[210] POSNER M I, ROTHBART M K. Research on attention networks as a model for the integration of psychological science[J]. Annual review of psychology, 2007, 58: 1-23.

[211] POSNER M I, SHEESE B E, ODLUDA, et al. Analyzing and shaping human attentional networks[J]. Neural networks, 2006, 19 (9): 1422-1429.

[212] PREACHER K J, RUCKER D D, HAYES A F. Addressing moderated mediation hypotheses: Theory, methods, and prescriptions[J]. Multivariate behavioral research, 2007, 42 (1): 185-227.

[213]PRIMACK B A, SWANIER B, GEORGIOPOULOS A M, et al. Association between media use in adolescence and depression in young adulthood: A longitudinal study[J]. Archives of general psychiatry, 2009, 66（2）: 181-188.

[214]PUJOL J, FENOLL R, FORNS J, et al. Video gaming in school children: How much is enough？[J]. Annals of neurology, 2016, 80（3）: 424-433.

[215]RADESKY J S, KISTIN C, EISENBERG S, et al. Parent perspectives on their mobile technology use: The excitement and exhaustion of parenting while connected[J]. Journal of developmental & behavioral pediatrics, 2016, 37（9）: 694-701.

[216]RADESKY J S, SCHUMACHER J, ZUCKERMAN B. Mobile and interactive media use by young children: The good, the bad, and the unknown[J]. Pediatrics, 2015, 135（1）: 1-3.

[217]RADESKY J S, SILVERSTEIN M, ZUCKERMAN B, et al. Infant self-regulation and early childhood media exposure[J]. Pediatrics, 2014, 133（5）: e1172-e1178.

[218]RALPH B C W, THOMSON D R, CHEYNE J A, et al. Media multitasking and failures of attention in everyday life[J]. Psychological research, 2014, 78（5）: 661-669.

[219]RAZEL M. The complex model of television viewing and educational achievement[J]. Journal of educational research, 2001, 94（6）: 371-379.

[220]REGA V, GIOIA F, BOURSIER V. Problematic media use among children up to the age of 10: A systematic literature review[J]. International journal of environmental research and public health, 2023, 20（10）: 5854.

[221]REGENBOGEN C, HERRMANN M, FEHR T. The neural processing of voluntary completed, real and virtual violent and nonviolent computer game scenarios displaying predefined actions in gamers and nongamers[J]. Social neuroscience, 2010, 5（2）: 221-240.

[222]REID CHASSIAKOS YL, RADESKY J, CHRISTAKIS D, et al. AAP council on communications and media: Children and adolescents and digital media[J]. Pediatrics, 2016, 138（5）: e20162593.

[223]RIDEOUT V J, FOEHR U G, ROBERTS D F. Generation M[superscript 2]: media in the lives of 8 to 18-year-olds[R]. Menlo Park: Henry J. Kaiser Family Foundation, 2010.

[224]RIDEOUT V, ROBB M B. The Common Sense census: Media use by kids age zero to eight[J]. Common Sense Media, 2017, 263: 283.

[225]ROBB M B, RICHERT R A, WARTELLA E A. Just a talking book? Word learning from watching baby videos[J]. British journal of developmental psychology, 2009, 27（1）: 27-45.

[226]ROBERTS D F, FOEHR U G. Trends in media use[J]. The future of children, 2008, 18（1）: 11-37.

[227]ROSEBERRY S, HIRSH - PASEK K, GOLINKOFF R M. Skype me! Socially contingent interactions help toddlers learn language[J]. Child Development, 2014, 85（3）: 956-970.

[228]ROSEN L D, LIM A F, CARRIER L M, et al. An empirical examination of the educational impact of text message-induced task switching in the classroom: Educational implications and strategies to enhance learning[J]. Psicología educativa, 2011, 17（2）: 163-177.

[229]ROTHBART M K, Posner M I. The developing brain in a multitasking world[J]. Developmental review, 2015, 35: 42-63.

[230]RUBIN A M. The uses-and-gratifications perspective of media effects[M]//BRYANT J, ZILLMANN D. Media effects: Advances in theory and research. NJ: Erlbaum. : Mahwah, 2002: 525-548.

[231]RUBINSTEIN J S, MEYER D E, EVANS J E. Executive control of cognitive processes in task switching[J]. Journal of experimental psychology: human perception and performance, 2001, 27（4）: 763-797.

[232]RUSHTON J P. Effects of prosocial television and film material on the behavior of viewers[J]. Advances in experimental social psychology, 1979, 12: 321-351.

[233]SABBAGH M A, XU F, CARLSON S M, et al. The development of executive functioning and theory of mind a comparison of Chinese and US preschoolers[J]. Psychological science, 2006, 17（1）: 74-81.

[234]SALEEM M, ANDERSON C A, GENTILE D A. Effects of prosocial, neutral, and violent video games on children's helpful and hurtful behaviors[J]. Aggressive behavior,

2012, 38（4），281-287.

［235］SAMEROFF A. A unified theory of development: A dialectic integration of nature and nurture［J］. Child development, 2010, 81（1）: 6-22.

［236］SANA F, WESTON T, CEPEDA N J. Laptop multitasking hinders classroom learning for both users and nearby peers［J］. Computers & education, 2013, 62: 24-31.

［237］SANBONMATSU D M, STRAYER D L, MEDEIROSWARD N, et al. Who multi-tasks and why? Multi-tasking ability, perceived multi-tasking ability, impulsivity, and sensation seeking［J］. PloS one, 2013, 8（1）: e54402.

［238］SCHMIDT M E, PEMPEK T A, KIRKORIAN H L, et al. The effects of background television on the toy play behavior of very young children［J］. Child development, 2008, 79（4）: 1137-1151.

［239］SELFHOUT M H, BRANJE S J, DELSING M, et al. Different types of Internet use, depression, and social anxiety: The role of perceived friendship quality［J］. Journal of adolescence, 2009, 32（4）: 819-833.

［240］SHALLICE T. From neuropsychology to mental structure［M］. Oxford: Cambridge University Press, 1988.

［241］SHERIDAN M A, SARSOUR K, JUTTE D, et al. The impact of social disparity on prefrontal function in childhood［J］. PloS one, 2012, 7（4）: e35744.

［242］SHERRY J L. The effects of violent video games on aggression［J］. Human communication research, 2001, 27（3）: 409-431.

［243］SHIH S-I. A null relationship between media multitasking and well-being［J］. PloS one, 2013, 8（5）: e64508.

［244］SLATER M D, HENRY K L, SWAIM R C, et al. Violent media content and aggressiveness in adolescents: A downward spiral model［J］. Communication research, 2003, 30（6）: 713-736.

［245］SLATER M D. Reinforcing spirals: The mutual influence of media selectivity and media effects and their impact on individual behavior and social identity［J］. Communication theory, 2007, 17（3）: 281-303.

［246］SONG K S, NAM S C, LIM H, et al. Analysis of youngsters' media multitasking behaviors and effect on learning[J]. International journal of multimedia & ubiquitous engineering, 2013, 8（4）: 191-198.

[247]SOWELL E R, DELIS D, STILES J, et al. Improved memory functioning and frontal lobe maturation between childhood and adolescence: A structural MRI study[J]. Journal of the international neuropsychological society, 2001, 7（3）: 312-322.

[248]SOWELL E R, THOMPSON P M, LEONARD C M, et al. Longitudinal mapping of cortical thickness and brain growth in normal children[J]. Journal of neuroscience, 2004, 24（38）: 8223-8231.

[249]SRISINGHASONGKRAM P, TRAIRATVORAKUL P, MAES M, et al. Effect of early screen media multitasking on behavioural problems in school-age children[J]. European child & adolescent psychiatry, 2021, 30（8）: 1281-1297.

[250]STEVENS T, BARNARD-BRAK L, TO Y. Television viewing and symptoms of inattention and hyperactivity across time: The importance of research questions[J]. Journal of early intervention, 2009, 31（3）: 215-226.

[251]STEVENS T, MULSOW M. There is no meaningful relationship between television exposure and symptoms of attention-deficit/hyperactivity disorder[J]. Pediatrics, 2006, 117（3）: 665-672.

[252]STRITZKE W, NGUYEN A, DURKIN K. Shyness and computer-mediated communication: A self-representational theory perspective. [J]. Media psychology, 2004, 6（1）: 1-22.

[253]SUBRAHMANYAM K, GREENFIELD P. Digital media and youth: Games, Internet, and development[M]// SINGER DG, SINGEr J. Handbook of Children and the Media. 2nd ed. Thousand Oaks, CA: Sage, 2011: 75-96.

[254]SUPPER W, GUAY F, TALBOT D. The relation between television viewing time and reading achievement in elementary school children: A test of substitution and inhibition hypotheses[J]. Frontiers in psychology, 2021, 12: 580763.

[255]SWING E L, GENTILE D A, ANDERSON C A, et al. Television and video game exposure and the development of attention problems[J]. Pediatrics, 2010, 126（2）: 214-221.

[256] SZYCIK G R, MOHAMMADI B, HAKE M, et al. Excessive users of violent video games do not show emotional desensitization: an fMRI study[J]. Brain imaging and behavior, 2017, 11（3）: 736-743.

[257] TAKAO M, TAKAHASHI S, KITAMURA M. Addictive personality and problematic mobile phone use[J]. Cyberpsychol Behav, 2009, 12（5）: 501-507.

[258] TALWAR V, CARLSON S M, LEE K. Effects of a punitive environment on children's executive functioning: A natural experiment[J]. Social development, 2011, 20（4）: 805-824.

[259] TAMANA S K, EZEUGWU V, CHIKUMA J, et al. Screen-time is associated with inattention problems in preschoolers: Results from the CHILD birth cohort study[J]. PloS one, 2019, 14（4）: e0213995.

[260] TAN T X, ZHOU Y. Screen time and ADHD behaviors in Chinese children: Findings from longitudinal and cross-sectional data[J]. Journal of attention disorders, 2022, 26（13）: 1725-1737.

[261] TOSUN L P, LAJUNEN T. Does Internet use reflect your personality? Relationship between eysenck's personality dimensions and internet use[J]. Computers in human behavior, 2010, 26（2）: 162-167.

[262] TSUJIMOTO S. The prefrontal cortex: Functional neural development during early childhood[J]. The neuroscientist, 2008, 14（4）: 345-358.

[263] UNCAPHER M R, WAGNER A D. Minds and brains of media multitaskers: Current findings and future directions[J]. Proceedings of the National Academy of Sciences of the United States of America, 2018, 115（40）: 9889-9896.

[264] URSACHE A, NOBLE K G. Neurocognitive development in socioeconomic context: Multiple mechanisms and implications for measuring socioeconomic status[J]. Psychophysiology, 2015, 53（1）: 71-82.

[265] VALKENBURG P M, KRCMAR M, PEETERS A L, et al. Developing a scale to assess three styles of television mediation: "Instructive mediation," "restrictive mediation," and "social coviewing"[J]. Journal of broadcasting & electronic media, 1999, 43（1）: 52-66.

[266] VALKENBURG P M, PETER J. Online communication among adolescents: An integrated model of its attraction, opportunities, and risks[J]. Journal of adolescent health, 2011, 48（2）: 121-127.

[267] VALKENBURG P M, PETER J. Online communication and adolescent well-being: Testing the stimulation versus the displacement hypothesis[J]. Journal of computer-mediated communication, 2007, 12（4）: 1169-1182.

[268] VALKENBURG P M, PETER J. Social consequences of the Internet for adolescents a decade of research[J]. Current directions in psychological science, 2009, 18（1）: 1-5.

[269] VALKENBURG P M, PETER J. The differential susceptibility to media effects model[J]. Journal of communication, 2013, 63（2）: 221-243.

[270] VAN EVRA J. Television and child development[M]. New York: Routledge, 2004.

[271] VANDEVENTER S S, WHITE J A. Expert behavior in children's video game play[J]. Simulation & gaming, 2002, 33（1）: 28-48.

[272] VANDEWATER E A, LEE J H, SHIM M S. Family conflict and violent electronic media use in school-aged children[J]. Media psychology, 2005, 7（1）: 73-86.

[273] VEDECHKINA M, BORGONOVI F. A review of evidence on the role of digital technology in shaping attention and cognitive control in children[J]. Frontiers in psychology, 2021, 12: 611155.

[274] VERED B O. Blue group boys play incredible machine, girls play hopscotch: Social discourse and gendered play at the computer[J]. Digital diversions: Youth culture in the age of multimedia, 1998,（1）: 43-61.

[275] VYGOTSKY L S. Mind in society: The development of higher psychological processes[M]. Cambridge: Harvard University Press, 1980.

[276] WALLIS C. The impacts of media multitasking on children's learning and development: Report from a research seminar[M]. New York: The Joan Ganz Cooney Center at Sesame Workshop, 2010.

[277] WALLIS C. The multitasking generation[J]. Time magazine, 2006, 167（13）:

48-55.

[278] WANG J, MAO S. Culture and the kindergarten curriculum in the People's Republic of China[J]. Early child development and care, 1996, 123（1）: 143-156.

[279] WANG Z, TCHERNEV J M. The "myth" of media multitasking: Reciprocal dynamics of media multitasking, personal needs, and gratifications[J]. Journal of communication, 2012, 62（3）: 493-513.

[280] WARTELLA E, RICHERT R A, ROBB M B. Babies, television and videos: How did we get here？[J]. Developmental review, 2010, 30（2）: 116-127.

[281] WIJEKUMAR K, MEIDINGER P. Interrupted cognition in an undergraduate programming course[J]. Proceedings of the American Society for Information Science and Technology, 2005, 42（1）.

[282] WILKE N, HOWARD A H, MORGAN M, et al. Adverse childhood experiences and problematic media use: The roles of attachment and impulsivity[J]. Vulnerable children and youth studies, 2020, 15（4）: 344-355.

[283] WILLIAMS P A. The impact of leisure-time television on school learning: A research synthesis[J]. American educational research journal, 1982, 19（1）: 19-50.

[284] WILSON B J. Media and children's aggression, fear, and altruism[J]. The Future of children, 2008, 18（1）: 87-118.

[285] WRIGHT J C, HUSTON A C, MURPHY K C, et al. The relations of early television viewing to school readiness and vocabulary of children from low-income families: the early window project[J]. Child development, 2001, 72（5）: 1347-1366.

[286] YANG X, CHEN Z, WANG Z, et al. The relations between television exposure and executive function in chinese preschoolers: The moderated role of parental mediation behaviors[J]. Frontiers in psychology, 2017, 8: 1833-1844.

[287] YANG X, WANG Z, QIU X, et al. The relation between electronic game play and executive function among preschoolers[J]. Journal of child and family studies, 2020, 29: 2868-2878.

[288] YANG X, XU X, ZHU L. Media multitasking and psychological wellbeing in Chinese adolescents: Time management as a moderator[J]. Computers in human behavior,

2015, 53（4）: 216-222.

[289] YANG X, ZHU L. Predictors of media multitasking in Chinese adolescents[J]. International journal of psychology, 2016, 51（6）: 430-438.

[290] YANG X, ZHU L. Relationship among media multitasking, personality and negative mood in college students[J]. Chinese mental health journal, 2014, 28（4）: 277-282.

[291] YEN J Y, KO C H, YEN C F, et al. Psychiatric symptoms in adolescents with Internet addiction: Comparison with substance use[J]. Psychiatry and clinical neurosciences, 2008, 62（1）: 9-16.

[292] YOUNG C M Y, LO B C Y. Cognitive appraisal mediating relationship between social anxiety and internet communication in adolescents[J]. Personality and individual differences, 2012, 52（1）: 78-83.

[293] ZACK E, GERHARDSTEIN P, MELTZOFF A N, et al. 15-month-olds' transfer of learning between touch screen and real-world displays: Language cues and cognitive loads[J]. Scandinavian journal of psychology, 2012, 54（1）: 20–25.

[294] ZELAZO P D. Developmental psychology: A new synthesis[M]// ZELAZO P D. The Oxford handbook of developmental psychology, Vol. 1. New York: Oxford University Press, 2013: 3–12.

[295] ZHANG H, LUO Y, YAO Z, et al. The role of resting respiratory sinus arrhythmia in the family functioning-internet addiction symptoms link[J]. International journal of psychophysiology, 2021, 164: 17-22.

[296] ZHANG H, SPINRAD T L, EISENBERG N, et al. Young adults' Internet addiction: Prediction by the interaction of parental marital conflict and respiratory sinus arrhythmia[J]. International journal of psychophysiology, 2017, 120: 148-156.

[297] ZHANG Q, CAO Y, TIAN J. Effects of violent video games on aggressive cognition and aggressive behavior[J]. Cyberpsychology, behavior and social networking, 2021, 24（1）: 5-10.

[298] ZHANG Y, MAO M, RAU P-L P, et al. Exploring factors influencing multitasking interaction with multiple smart devices[J]. Computers in human behavior, 2013, 29（6）:

2579-2588.

［299］ZHAO J, YU Z, SUN X, et al. Association between screen time trajectory and early childhood development in children in China[J].JAMA pediatrics, 2022, 176（8）: 768-775.

［300］ZIMMERMAN F J, CHRISTAKIS D A. Associations between content types of early media exposure and subsequent attentional problems[J].Pediatrics, 2007, 120（5）: 986-992.